国土空间规划
理论与实践教程丛书

U0163522

Photoshop CS6
住区规划项目实践

王芬　陈永林　马亮　编著

WUHAN UNIVERSITY PRESS
武汉大学出版社

图书在版编目（CIP）数据

Photoshop CS6 住区规划项目实践/王芬,陈永林,马亮编著.—武汉:武汉大学出版社,2022.10
国土空间规划理论与实践教程丛书
ISBN 978-7-307-22910-5

Ⅰ.P…　Ⅱ.①王…　②陈…　③马…　Ⅲ.居住区—城市规划—图像处理软件　Ⅳ.TU984.12-39

中国版本图书馆 CIP 数据核字（2022）第 026880 号

责任编辑:杨晓露　　　责任校对:汪欣怡　　　版式设计:马　佳

出版发行:**武汉大学出版社** 　（430072　武昌　珞珈山）
（电子邮箱:cbs22@whu.edu.cn 网址:www.wdp.com.cn）
印刷:武汉精一佳印刷有限公司
开本:787×1092　1/16　印张:16　字数:379 千字
版次:2022 年 10 月第 1 版　　2022 年 10 月第 1 次印刷
ISBN 978-7-307-22910-5　　定价:59.00 元

图 3-67　建筑户型平面图

8、9#楼南立面图

图4-71　建筑立面图

48.00
45.00
42.00
39.00
36.00
33.00
30.00
27.00
24.00
21.00
18.00
15.00
12.00
9.00
6.00
3.00
±0.00
-0.30

16F
15F
14F
13F
12F
11F
10F
9F
8F
7F
6F
5F
4F
3F
2F
1F

48600

3000
3000
3000
3000
3000
3000
3000
3000
3000
3000
3000
3000
3000
3000
3000
3000
3000
300

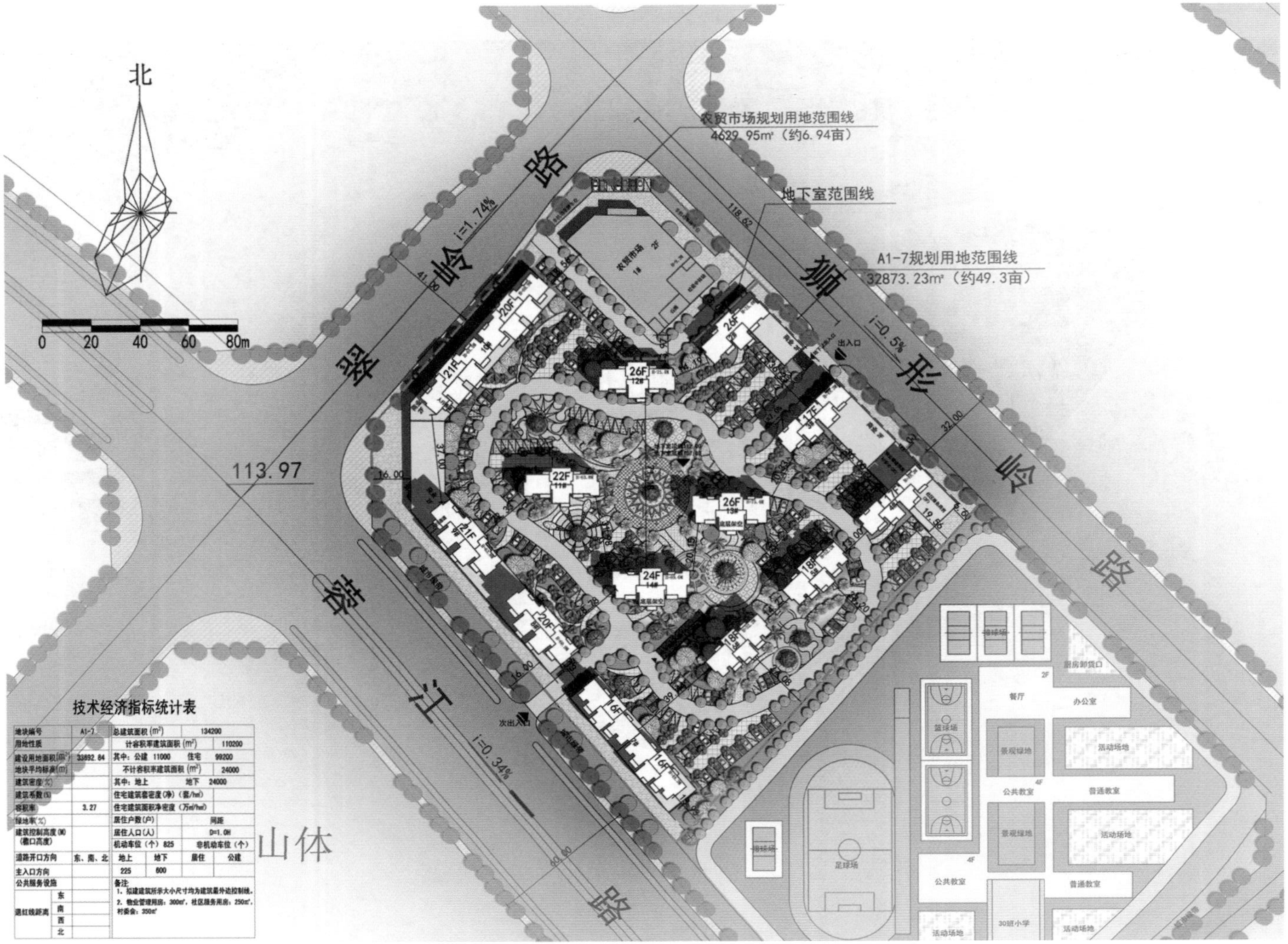

图5-90　住区规划平面图

图6-78 住区规划鸟瞰图

图7-28　景观节点透视图

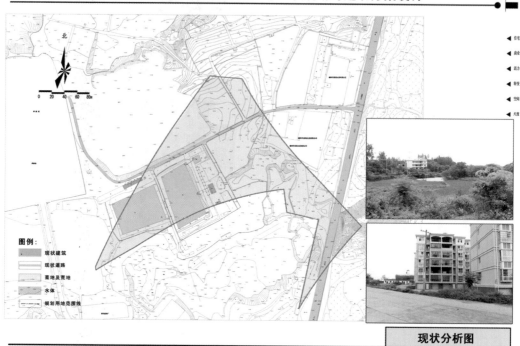

图 8-29　现状分析图

图 8-32　道路交通分析图

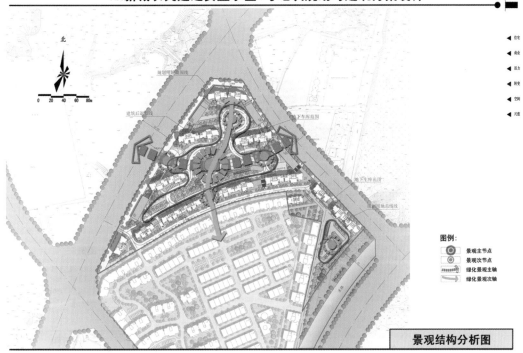

图 8-35 景观结构分析图

图 8-36 公共设施规划图

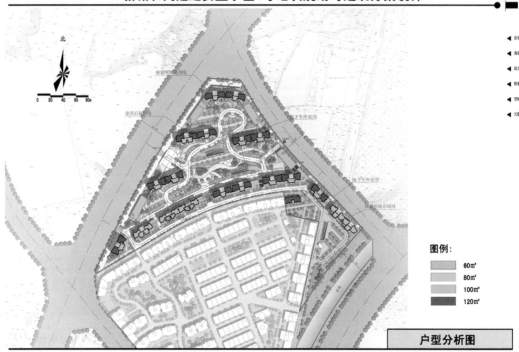

图 8-37　户型分析图

图 8-40　日照分析图

图 8-41　消防分析图

图 8-43　给水燃气工程规划图

前　　言

近年来，利用 Photoshop 软件进行效果图绘制已经越来越普遍。可以说，Photoshop 是目前公认的通用平面美术设计软件，国内几乎所有的广告公司都首选 Photoshop 作为平面设计工具。该软件拥有强大的图像处理能力和绘图功能，我们常常利用这两大功能进行广告摄影、照片修复、创意设计等工作，与 Photoshop 软件相关的图文教程和视频教程也不可胜数。

在国内各大高校和高职院校，关于 Photoshop 的课程开设也非常普遍，会使用 Photoshop 进行图像处理已经成为广大毕业生的必备技能之一。在城乡规划设计和建筑设计等相关专业领域，利用 Photoshop 结合 AutoCAD、3ds Max、SketchUp 等软件进行后期效果图制作已经成为普遍现象。分布在互联网上的专业论坛、贴吧和少数的视频资源，虽然为自学提供了一定便利，但书本教材的缺乏确实给线下教学和深入学习带来了限制。学生往往会盲目地自学软件的全部工具，而不是有选择性地、有重点地学习，更无法将部分命令运用在整个项目文本体系中。由此种种，结合一整套规划文本来讲解 Photoshop 具体运用的想法在我心里愈加强烈。不管是教材编写，还是线下教学，我们掌握的不应仅仅是软件的基本工具，更要重视设计的方法逻辑和高效的作图习惯培养。

本书将以住区规划设计需要用到的一整套图纸为例，介绍 Photoshop 与 AutoCAD、SketchUp、3ds Max 之间的搭配使用方法。通过学习，学生能够牢固掌握 Photoshop 软件的基础工具和命令，掌握后期处理的流程和注意事项，能熟练应用 Photoshop 对设计方案进行出色的后期表达。

全书共 8 章，章节概要介绍如下：

第 1 章是"Photoshop CS6 规划设计表现基础"，主要介绍了 Photoshop CS6 在住区规划设计表现中的应用、软件基本界面及优化设置。

第 2 章是"Photoshop CS6 常用工具和命令"，全面介绍了 Photoshop 软件中的常用工具及命令，包括图像的选择、移动、复制和粘贴；图像的编辑、图层的管理、图像的变换以及图像颜色的调整优化。

第 3 章是"建筑户型平面图制作"，以建筑户型平面图为例，讲解 Photoshop 与 AutoCAD 配合制图的方法和流程，具体包括：AutoCAD 图形的导图框设定；AutoCAD 图形的图层管理；打印生成 EPS 文件；使用 Photoshop 打开 EPS 文件；填充墙体、玻璃和地板；添加家具素材和植物素材；添加文字标注和尺寸等图层；JPG 图像的导出等步骤。

第 4 章是"建筑立面图制作"，介绍了 Photoshop 与 SketchUp、AutoCAD 搭配制作建筑立面图的方法和流程，具体包括：AutoCAD 图层管理、EPS 文件的输出、立面墙体和屋顶的图案填充、玻璃材质的处理、天空背景的渲染、树木及其倒影的制作以及从 SketchUp

软件导出建筑立面图的步骤。

第5章是"住区规划总平面图制作"，介绍了 Photoshop 与 AutoCAD 搭配制作彩色总平面图的方法和步骤，具体包括：AutoCAD 图形的图层管理；分层导出 EPS 文件；色彩填充和图案叠加；建筑屋顶的填充和建筑阴影制作；植物和汽车素材的添加；图面的构图和提亮；指北针、比例尺和指标表的完善；导出 JPG 图像的步骤。

第6章是"住区规划鸟瞰图制作"，介绍了一个住区从 SketchUp 模型精简到 3ds Max 渲染，再到使用 Photoshop 进行后期处理的详细过程。若读者尚未安装 SketchUp 和 3ds Max 软件，则可直接阅读6.3小节学习 Photoshop 处理步骤。

第7章是"景观节点透视图制作"，讲解如何结合 SketchUp 制作景观节点透视图，若读者尚未安装 SketchUp 软件，则可直接阅读7.2小节进行学习。

第8章是"住区规划常用分析图制作"，介绍了 Photoshop 与 AutoCAD 搭配制作常用分析图的方法，包括：现状分析图、交通分析图、景观结构分析图、公共设施分析图、户型分析图、日照分析图、消防分析图以及市政工程分析图。

本书配套所有案例的源文件都已上传至百度网盘，链接：https：//pan. baidu. com/s/1YadiNlKLB_ humd7iPh5kaQ，提取码：wcip。

本书所采用的案例是笔者在工作中接触到的实际工程项目，得到了赣南师范大学、赣州市国土空间调查规划研究中心诸位领导和同事的大力支持，家人和学生们也提供了很多有益的建议！在此表示由衷的感谢，并感谢武汉大学出版社编辑的辛勤付出，让这本教材能够顺利面世！

目　　录

第1章 Photoshop CS6 规划设计表现基础

【本章导读】

本章首先介绍了 Photoshop CS6 在住区规划设计表现中的应用，然后介绍了 Photoshop CS6 的软件界面以及如何使软件运行高效顺畅的方法，最后介绍了几种常用的图像格式，帮助读者对 Photoshop CS6 有一个初步认识。让我们一起进入 Photoshop CS6 的世界吧!

【要点索引】

1. Photoshop 在住区规划设计表现中的应用
2. Photoshop 的工作界面组成
3. Photoshop 的暂存盘管理和数据清理
4. Photoshop 的保存格式和图像导出格式

1.1 Photoshop 在住区规划设计表现中的应用

Photoshop 在住区规划设计中的应用大致分为以下几个方面：室内彩色户型图制作、建筑立面图制作、规划总平面图制作、一系列规划分析图纸的制作，另外可以结合 SketchUp 和 3ds Max 等三维建模软件进行住区鸟瞰图制作和庭院景观节点透视图的制作。

1.1.1 室内彩色户型图制作

伴随着人们对住宅质量提升的需求，一代代新的户型不断得到衍生和完善。为了更直观地向客户展示住宅户型的空间布局、房间尺寸、家具摆放等信息，设计师会利用 AutoCAD、天正等软件绘制户型平面图，再将其导入 Photoshop 中进行处理，如填充房间色彩、展示铺装材质、添加逼真的家具模块等，营造出个性鲜明、直观的平面视觉效果，如图 1-1 所示。

本书将在第 3 章详细讲解建筑户型平面图的制作方法。

1.1.2 建筑立面图制作

建筑立面图是住区规划设计中的一个重要组成部分，一般使用 AutoCAD 直接绘制立面，也可以利用 3ds Max 或 SketchUp 等三维建模的方式导出模型的立面，再将其导入 Photoshop 进行后期处理，包括：添加天空和地面、添加配景素材、完善墙面材质等，营造出建筑场景，形成直观真实的效果，如图 1-2 所示。

图 1-1　建筑户型平面图处理前后对比图

图 1-2　建筑立面图处理前后对比图

　　本书将在第 4 章详细讲解制作建筑立面图的方法。

1.1.3　规划总平面图制作

　　规划总平面图是住区规划的核心图纸，它全面表达了设计基地与周边地块、交通、景观环境之间的关系，重点刻画了规划范围内部的建筑、绿化、道路等的详细设计，一般用 AutoCAD 进行绘制，线条较为抽象和复杂。然后使用 Photoshop 进行处理，如添加草地、树木、铺装、阴影等，使总平面图形象化、立体化，便于设计师与甲方之间的沟通，也便于购房客户选择满意的住宅，如图 1-3 所示。

　　本书将在第 5 章详细讲解制作规划总平面图的方法。

1.1.4　住区鸟瞰图制作

　　使用三维建模软件进行建模、构图和渲染，导出图片后使用 Photoshop 进行后期处理，如添加草地背景、添加配景素材、丰富水面和道路的层次、突出景观轴线和节点视觉效果等，使鸟瞰图更加生动活泼、富有层次，如图 1-4 所示。

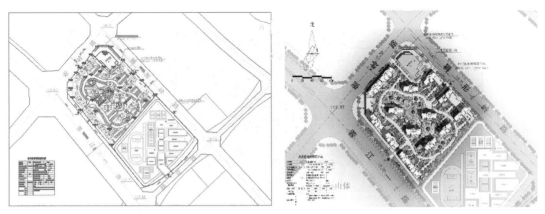

图 1-3　规划总平面图处理前后对比图

图 1-4　住区鸟瞰图处理前后对比图

本书将在第 6 章详细讲解结合 SketchUp 建模和 3ds Max 渲染进行鸟瞰图处理的方法。

1.1.5　住区景观节点透视图制作

在景观设计及表现过程中，SketchUp 为设计师们提供了丰富的组件素材，从 SketchUp 直接导出的图纸风格清新自然，带有浓郁的 SketchUp 草图风格。我们只需将导出的图纸导入 Photoshop 进行简单的处理，如光影优化、近景素材的添加等，即可轻松达到手绘的效果，如图 1-5 所示。

本书将在第 7 章详细讲解结合 SketchUp 制作景观节点透视图的方法。

1.1.6　规划分析图制作

为了更好地解释说明规划设计方案，通常要绘制一系列分析图，包括：现状分析图、道路交通分析图、景观结构分析图、公共设施规划分析图、户型分析图、分期实施规划分析图、日照分析图、消防分析图以及市政分析图等。

　　本书将在第 8 章详细讲解这些分析图的绘制方法。

图 1-5　景观节点透视图处理前后对比图

1.2　Photoshop CS6 界面简介

　　Adobe 对 Photoshop CS6 的工作界面进行了改进，使之划分更加合理，常用面板的访问、工作区的切换也更加方便。本节将详细介绍 Photoshop CS6 的工作界面、工具箱、工具选项栏、菜单栏和面板。

1.2.1　Photoshop CS6 工作界面

　　Photoshop CS6 的工作界面中包含菜单栏、文档窗口、工具箱、工具选项栏、面板等模块等，如图 1-6 所示。

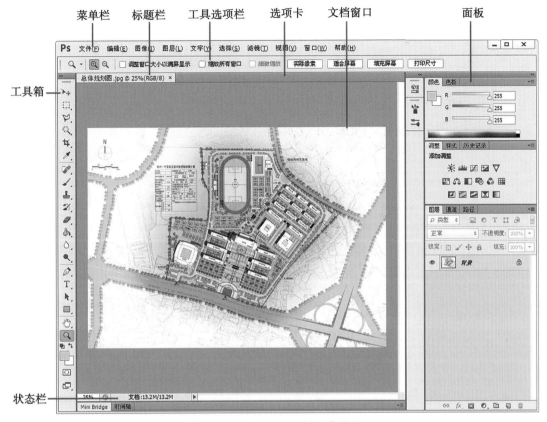

图 1-6 Photoshop CS6 的工作界面

菜单栏：菜单中包含可以执行的各种命令。单击菜单名称即可打开相应的菜单，如"文件"菜单、"编辑"菜单等。

标题栏：显示了文档名称、格式、窗口缩放比例和颜色模式信息。如果文档中包含多个图层，则标题栏中还会显示当前工作的图层的名称。

工具箱：包含用于执行各种操作的工具，如移动图像、创建选区、画笔工具等。

工具选项栏：用来设置工具的各种选项，它会随着所选工具的不同而改变内容。

面板：可以帮助我们编辑图像。有的用来设置编辑内容，有的用来设置颜色属性。

状态栏：可以显示文档大小、当前工具和窗口缩放比例等信息。

文档窗口：文档窗口是显示和编辑图像的区域。

选项卡：位于标题栏后排，打开多个图像时，只在窗口中显示一个图像，其他的则最小化到选项卡中。单击选项卡中各个文件名便可显示相应的图像。

1.2.2 工具箱

Photoshop CS6 的工具箱中包含了用于创建和编辑图像、图稿、页面元素的工具和按钮，如图 1-7 左图所示。单击工具箱顶部的双箭头 ，可以将工具箱切换为单排(或双排)显示。单排工具箱可以为文档窗口让出更多的空间，如图 1-7 右图所示。

单击工具箱中的工具图标按钮，即可激活该工具。将鼠标光标放在工具图标按扭上右击，可弹出该工具组列表，单击组列表中的工具即可选择相应的工具。

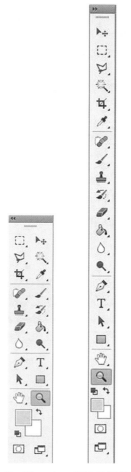

图 1-7   Photoshop CS6 的工具箱

1.2.3   工具选项栏

工具选项栏用来设置工具的选项，它会随着所选工具的不同而改变选项内容。图 1-8 所示为选择画笔工具时显示的选项，包括画笔的大小、形状、模式、不透明度等选项。

图 1-8   Photoshop CS6 的"画笔工具"选项栏

1.2.4　菜单栏

Photoshop CS6 界面最上面一行就是主菜单列表，每一个主菜单内都包含一系列的命令(图 1-9)。例如，"文件"菜单中包含的是用于设置文件的各种命令，"滤镜"菜单中包含的是各种滤镜。

文件(F)　编辑(E)　图像(I)　图层(L)　文字(Y)　选择(S)　滤镜(T)　视图(V)　窗口(W)　帮助(H)

图 1-9　Photoshop CS6 的菜单栏

1.2.5　面板

面板用来设置颜色、工具参数，以及执行编辑命令。Photoshop CS6 中包含 20 多个面板，我们可以在"窗口"菜单中选择需要的面板将其打开。默认情况下，面板以选项卡的形式成组出现，并停靠在窗口右侧，如图 1-10 所示，我们可根据需要打开、关闭或是自由组合多个面板。

图 1-10　Photoshop CS6 的自由组合面板

1. 选择面板

在面板选项卡中，单击一个面板的名称，即可显示面板中的选项，如图 1-11 所示。

7

2. 展开和折叠面板

单击面板右上角的三角形按钮 ，可以折叠或者展开该面板，如图 1-12 所示。

图 1-11　展开 Photoshop CS6 的"调整"面板

图 1-12　面板展开效果

拖动面板左边界，可以调整面板组的宽度，让面板的名称文字显示出来，如图1-13所示。

图 1-13　面板的宽度调整

3. 组合面板

将光标放在一个面板的标题栏上，单击并将其拖动到另一个面板的标题栏上，出现蓝色框时放开鼠标，可以将它与目标面板组合，如图 1-14 所示。

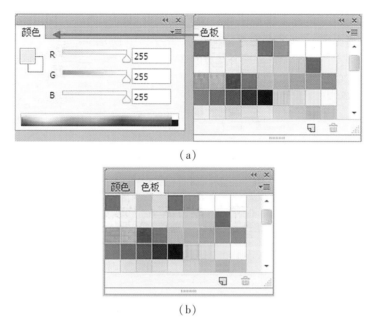

（a）

（b）

图 1-14　"颜色"面板和"色板"面板组合前后示意图

◎ 提示：

通过组合面板的方法将多个面板合并为一个面板组，或者将一个浮动面板合并到面板组中，可以给文档窗口让出更多的操作空间。

4. 链接面板

将光标放在面板的标题栏上，单击并将其拖至另一个面板下方，出现蓝色框时放开鼠标，可以将这两个面板链接在一起，链接成功后的面板可同时移动，如图 1-15 所示。

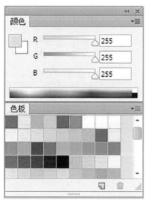

图 1-15　"颜色"面板和"色板"面板链接示意图

5. 移动或分离面板

将光标放在面板的名称上，单击并向外拖动到窗口的空白处，即可将其从面板组或链接的面板组中分离出来，使之成为浮动面板，如图 1-16 所示。

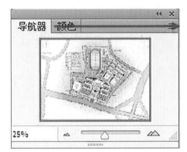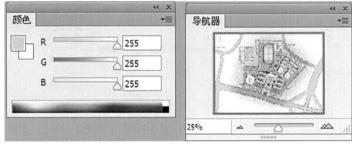

图 1-16　"颜色"面板和"导航器"面板的分离示意图

6. 调整面板宽度和高度

将光标移至面板的边缘处，光标呈现双向箭头状，此时拖动面板右侧边框，可以调整面板的宽度；拖动面板下方边框，可以调整面板的高度；拖动面板右下角，可同时调整面板的宽度和高度，如图 1-17 所示。

图 1-17　面板的长度和宽度调整示意图

7. 打开面板菜单

单击面板右上角的 按钮，可以打开面板菜单，如图 1-18 所示。菜单中包含了与当前面板有关的各种命令。

8. 关闭面板

在一个面板的标题栏上单击右键，可以显示快捷菜单，如图 1-19 所示。选择"关闭"

命令，可以关闭该面板；选择"关闭选项卡组"命令，可以关闭该面板组。对于浮动面板，我们可单击它右上角的 ✕ 按钮将其关闭。

图 1-18   打开面板选项

图 1-19   面板快捷菜单

1.2.6   状态栏

状态栏位于文档窗口底部，它可以显示文档窗口的缩放比例、文档大小、当前使用的工具等信息，极大地方便了用户查看图像信息。单击状态栏，则可以详细显示图像的宽度、高度、通道等信息，如图 1-20 所示。

单击状态栏中的 ▶ 按钮，可在打开的菜单中勾选状态栏的显示内容，如图 1-21 所示。

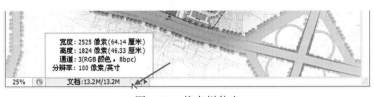

图 1-20   状态栏信息

图 1-21　状态栏显示内容设置

1. 文档大小

如图 1-22 所示，状态栏中的文档显示相应图像的数据量信息。左边的数字显示了若拼合图层并存储文件后的大小，右边的数字显示了包含图层和通道的文件大小。

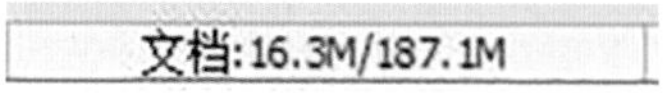

文档:16.3M/187.1M

图 1-22　状态栏中的文档信息

2. 暂存盘大小

编辑大图时，如果电脑的物理内存不够，Photoshop 就会调用暂存硬盘来充当内存，得到比较大的虚拟内存，以缓解内存的紧张，使软件能够正常运行。一般来说，暂存盘与内存的总容量至少为运行文件大小的 5 倍，Photoshop 才能流畅运行。

所以，我们要观察状态栏的暂存盘数据，它显示了 Photoshop 可用内存的大概值(图 1-23 右侧数值)，以及当前所有打开的文件与剪贴板、快照等占用的内存的大小(左侧数值)。如果左侧数值大于右侧数值，表示 Photoshop 正在使用虚拟内存，那么就应该去增加暂存盘容量，详见 1.3.1 小节。

暂存盘: 965.0M/1.91G　▶

图 1-23　状态栏中的暂存盘信息

3. 效率

效率显示执行操作实际花费时间的百分比，如图 1-24 所示。当效率为 100% 时，表示当前处理的图像在内存中生成；如果接近 100%，表示仅使用少量暂存盘；若低于 75%，则需要释放内存，或者添加新的内存来提高性能，见 1.3.1 小节。

图 1-24　状态栏中的效率信息

1.3 Photoshop CS6 的运行优化

在编辑图像时，Photoshop 需要保存大量的中间数据，这会造成电脑的运行速度变慢，导致电脑运行卡顿，甚至出现"暂存盘已满"的提示，从而无法保存文档的情况。本节将详细介绍如何优化软件运行，提高作图效率。

1.3.1 增加暂存盘

执行"编辑"→"首选项"→"性能"菜单命令，打开"首选项"对话框，如图 1-25 所示。

图 1-25 首选项对话框

1. 调大内存分配值

通过对 1.2.6 状态栏小节的学习，我们了解到 Photoshop 运行大文件时需要较大的内存，为了增加系统分配给 Photoshop 的内存量，可将"内存使用情况"的滑块向右移动。注意：修改后，需要重新运行 Photoshop 才能生效。

2. 勾选多个暂存盘

如果系统没有足够的内存来执行某个操作，则 Photoshop 将使用一种专有的虚拟内存技术(也称为暂存盘)来扩充内存。我们在"首选项"对话框中的"暂存盘"选项中，勾选两个空闲空间较大的磁盘，点击"确定"后，重启 Photoshop 即可有效缓解 Photoshop 运行卡顿的状况。

1.3.2　清理历史数据

执行"编辑"→"清理"下拉菜单中的命令，可以释放系统基于"还原"、"历史记录"或"剪贴板"功能所占用的内存，加快系统的处理速度，如图 1-26 所示。选择"全部"命令，可清理上面所有功能占用的内存。清理之后，"清理(R)"选项图标会变成灰色。

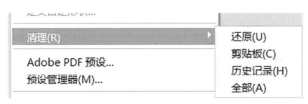

图 1-26　清理菜单命令

◎ 提示：

"编辑"→"清理"菜单中的"历史记录"和"全部"命令会对 Photoshop 打开的所有文档进行内存清理。

如果只想对当前文档进行清理，可以使用"历史记录"面板菜单中的"清除历史记录"命令，如图 1-27 所示。

图 1-27　清除历史记录

1.4　常用图像格式

当我们使用 Photoshop CS6 进行图像处理时，常常会遇到各种文件格式的图片素材。因此，熟悉一些常用图像格式的特点及其适用范围，就显得尤为必要。Photoshop CS6 中常见的文件格式有以下几种：

1.4.1 PSD 格式

PSD 格式是 Photoshop 默认的文件格式，它可以保留文档中的所有图层、蒙版、通道、路径、未栅格化的文字、图层样式等。通常情况下，我们都是将文件保存为 PSD 格式，以便日后可以随时修改。执行"文件"→"存储"菜单命令，将对当前 PSD 文档进行直接保存。执行"文件"→"存储为"菜单命令，在"存储为"对话框中，可以设置新文件的名称、保存路径和保存格式，如图 1-28 所示。

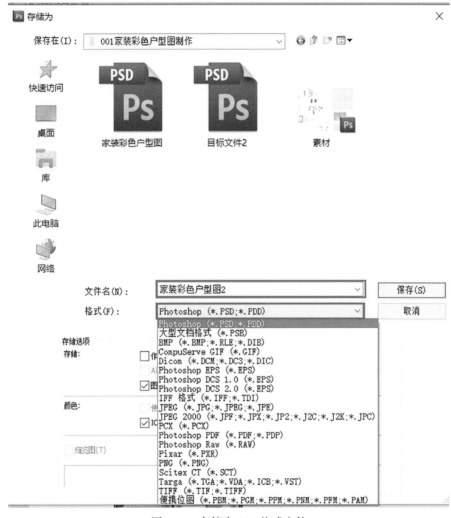

图 1-28　存储为 PSD 格式文件

1.4.2 JPEG 图像格式

JPEG 格式是一种高效的压缩图像文件格式。在存档时能将人眼无法分辨的资料删除，以节省存储空间。所以，低分辨率的 JPG 格式文件放大时会显得模糊，输出印刷成品时图像品质也会受到影响。这种类型的压缩，称为"失真压缩"或"有损压缩"。JPEG 格式支持 RGB、CMYK 和灰度模式，不支持 Alpha 通道。JPEG 格式是众多数码相机默认的格式，如果要将照片或者图像文件打印输出，或者通过 E-mail 传送，应采用该格式。

　　JPEG 图像的大小通常是由 PSD 文档的大小决定的。执行"图像"→"图像大小"菜单命令，在弹出的"图像大小"对话框中，可以通过手动输入数值来调整图像大小，如图 1-29 所示。像素越大，导出的 JPEG 图像越清晰。

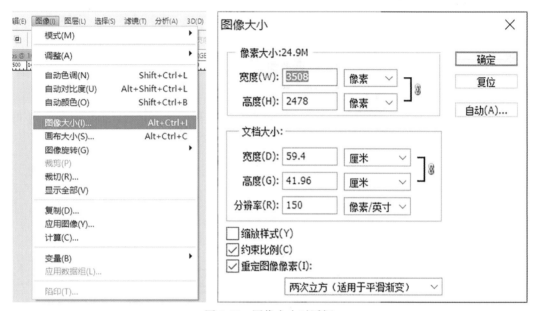

图 1-29　图像大小对话框

◎ 提示：

　　在城乡规划、建筑设计、园林景观设计等相关行业的效果图制作中，根据打印文本的清晰度要求，建议像素宽度设置在 3000 像素左右、分辨率设置在 100～150 即可，另外，根据专业图纸幅面大小的要求，在导入图像之前，可手动输入设置精准的文档宽度和高度数值。图纸幅面大小通过指定图纸宽度与长度确定。基本幅面代号有 A0、A1、A2、A3、A4 五种，常用数据如下：

　　A0 = 1189mm * 841mm；

　　A1 = 841mm * 594mm，相当于 1/2 张 A0 纸；

　　A2 = 594mm * 420mm，相当于 1/4 张 A0 纸；

　　A3 = 420mm * 297mm，相当于 1/8 张 A0 纸；

　　A4 = 297mm * 210mm，相当于 1/16 张 A0 纸，如图 1-30 所示。

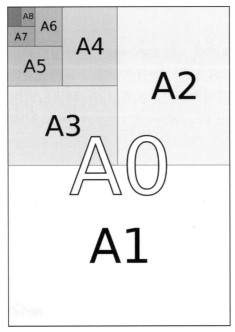

图 1-30　图纸幅面大小的尺寸关系图

1.4.3　GIF 格式

　　GIF 格式的文档支持透明背景和动画，被广泛地应用在网络文档中。GIF 格式采用 LZW 无损压缩方式，压缩效果较好，在通信传输时较为方便。

1.4.4　PDF 格式

　　PDF 格式的文档支持矢量数据和位图数据，支持 RGB、CMYK、索引、灰度、位图和 Lab 模式，不支持 Alpha 通道。

　　如果要为那些没有安装 Photoshop 的人选择一种可以阅读的文件格式，不妨使用 PDF 格式保存文件。

1.4.5　PNG 图像格式

　　PNG 格式的文档支持 244 位图像并产生无锯齿状的透明背景，压缩效果好。在进行 Photoshop 图层叠加操作时，常常会选择此种格式的文档，以避免背景之间的互相遮挡。

1.4.6　EPS 格式

　　EPS 是为 PostScript 打印机上输出图像而开发的文件格式，几乎所有的图形、图表和页面排版程序都支持该格式，该格式常用于绘图或排版软件。EPS 格式可以同时包含矢量图形和位图图像，支持 RGB、CMYK、位图、双色调、灰度、索引和 Lab 模式，但不支持 Alpha 通道。

1.4.7　TIFF 图像格式

TIFF 是一种通用的文件格式，所有的绘画、图像编辑和排版程序都支持该格式。而且，几乎所有的桌面扫描仪都可以产生 TIFF 图像。该格式支持具有 Alpha 通道的 CMYK、RGB、Lab、索引颜色和灰度图像，以及没有 Alpha 通道的位图模式图像。Photoshop 可以在 TIFF 文件中存储图层，但使用其他软件打开该文件时，只能显示图层拼合之后的图像。

1.4.8　BMP 格式

BMP 是一种用于 Windows 操作系统的图像格式，在 Windows 环境下运行的所有图像处理软件都支持 BMP 格式。该格式可以处理 24 位颜色的图像，支持 RGB、位图、灰度和索引模式，但不支持 Alpha 通道。

第 2 章　Photoshop CS6 常用工具和命令

【本章导读】

　　本章详细介绍了 Photoshop CS6 的常用命令，包括图像的选择、移动、复制和粘贴；图像的编辑、图层的管理、图像的变换以及图像颜色的调整优化。

【要点索引】

　　1. 选框工具、套索工具、颜色选择工具的灵活选用

　　2. 取消选择和右键拓展选择

　　3. 移动命令

　　4. 复制和粘贴的灵活运用

　　5. 橡皮擦工具、加深和减淡工具、图章工具及其笔刷的调整

　　6. 文字工具

　　7. 裁剪工具

　　8. 图层面板的使用

　　9. 图层蒙版的添加和编辑

　　10. 图像的大小变换和色彩调整

2.1　图像选择工具

2.1.1　选框工具

　　首先在工具栏中单击所需要的选框工具类型，包括矩形选框工具、椭圆形选框工具等，如图 2-1 所示。

图 2-1　选框工具栏

　　接着将鼠标光标移动到文档窗口，单击鼠标左键并拖动鼠标建立选区。

建立完选区以后，选区的边界会出现闪烁的虚线，可以形象地称之为"蚂蚁线"，如图 2-2 所示。

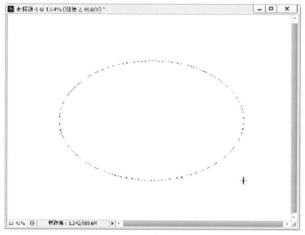

图 2-2　建立选区

在菜单栏下方会出现矩形选框工具的选项栏，如图 2-3 所示。

图 2-3　矩形选框工具选项栏

羽化：用来设置选区的羽化范围，在边缘处与周围有个虚化的、半透明的过渡，避免图像边缘过于锐利。

样式：用来设置选区的创建方法。若选择"正常"，可通过拖动鼠标创建任意大小的选区；若选择"固定比例"，可在右侧的"宽度"和"高度"文本框中输入数值，创建固定比例的选区。

调整边缘：单击该按钮，可以打开"调整边缘"对话框，对选区进行平滑、羽化等处理。

椭圆选框工具与矩形选框工具的选项基本相同，只是该工具可以使用"消除锯齿"功能。

消除锯齿：由于像素是组成图像的最小元素，因此，在创建圆形、多边形等不规则选区时便容易在边缘处产生锯齿。点击该选项，可有效消除选框边缘的锯齿，使图像边界更圆滑。

◎ 提示：

选择图像时，一定要先激活目标对象所在的图层，将其设置为当前图层。在图层窗口中，单击目标图层的图层名称或图层缩略图，该图层名称背景处变成蓝色，即代表其为当前图层，如图 2-4 所示。

图 2-4 激活当前图层

2.1.2 套索工具

套索工具共有三种不同的类型：套索工具、多边形套索工具以及磁性套索工具，如图 2-5 所示。

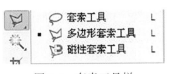

图 2-5 套索工具栏

套索工具的使用方法与上面所讲的选框工具相似，都是使用鼠标左键确立起点，并拖动鼠标建立选区。不同的是，套索工具操作随意性大，适用于那些对提取图像边界要求不高的情况；多边形套索工具适用于那些边界比较明显的图像，诸如平面图中的建筑、运动场地等；磁性套索工具适用于那些需要提取图像与环境反差较大的图像，诸如平面中的水体、草地等内容。

◎ 提示：

在创建选区时，按住 Shift 键操作，可以锁定水平、垂直或以 45°角为增量进行绘制。

快结束时双击，则会在双击点与起点间自动连接一条直线来闭合选区。

2.1.3 颜色选择工具

基于颜色来建立选区的工具主要有两种：魔棒工具和快速选择工具。

1. 魔棒工具

激活对象所在的图层为当前图层，单击魔棒工具，使用鼠标左键在图像上单击，就会选中与单击点色调相似的图像像素。在使用魔棒工具时，特别要注意观察和设置魔棒工具选项栏，如图 2-6 所示。

图 2-6　魔棒工具选项栏

取样大小：用来设置魔棒工具的取样范围。选择"取样点"，可对光标所在位置的像素进行取样；选择"3×3 平均"，可对光标所在位置 3 个像素区域内的平均颜色进行取样，其他选项依此类推。

容差：当该值较低时，只能选中与单击点像素非常相似的少数颜色；该值越高，对像素相似程度的要求就越低，一次性选中的颜色范围就越广。

连续：勾选该选项时，只选择与取样点相连接的区域；取消勾选时，可以选择与鼠标单击点颜色相近的所有区域，包括没有连接在一起的区域。所以取消勾选此选项，可快速选择整幅图中所有相似的颜色区域。

对所有图层取样：如果文档中包含多个图层，勾选该选项时，可选择所有可见图层上与取样点颜色相近的区域；取消勾选，则仅选择当前图层上与取样点颜色相近的区域。

2. 快速选择工具

快速选择工具是 Photoshop CS5 以后新增的一项工具，该工具能够快速地选取图纸上相似的颜色，使用方法与颜色选择工具类似。

2.1.4　图层整体图像选择

若要选择一个图层上的所有图形，执行"窗口"→"图层"菜单命令，在弹出的图层面板中单击激活对象所在图层，在按住 Ctrl 键的同时，单击图层缩略图，即可完成整个图层图像的选择。

2.1.5　取消选择

取消选择区域的快捷键为"Ctrl+D"，也可以右键单击被选中的图形，在右键菜单中选择"取消选择"。

另外，还可以在右键菜单中进行反向选择、对选区进行羽化、创建为新的图层等操作，如图 2-7 所示。

图 2-7　对选区执行右键操作

2.2　图像的移动和复制

2.2.1　图像的移动

使用以上选择工具创建了选区以后，单击移动工具，按住左键移动鼠标即可完成该图像的移动。

◎ 提示：

移动图像只能在当前图层上完成。

2.2.2　图像的复制

1. 同一文档中的图层复制

将需要复制的对象所在的图层拖动到"图层"面板底部的 　 按钮上，复制出一个包含该对象的新图层。

2. 同一文档中的图像复制

在使用选择工具创建了选区以后，选取的图像边界会出现闪烁的虚线，单击移动工具，按住 Alt 键，按住鼠标左键并拖曳，松开左键即可完成图像的多次复制。多次拖曳并松开，完成多次复制。

◎ 提示：

按住 Alt 键复制图像，不会产生新的图层；而使用“Ctrl+C”键复制后再使用“Ctrl+V”键进行粘贴，会产生新的复制图层。在作图中要尽量避免太多复制图层的产生，如进行乔木素材的复制时，尽量采用前一种方法，在一个图层中进行复制。

3. 不同文档间的图层复制

在针对不同文档之间的图形进行复制粘贴时，可以采用以下方法：

方法一：执行“窗口”→“排列”→“平铺”菜单命令，将两个文档窗口并排显示，使用移动工具直接将需要的图层或选中的图像拖入目标文档。

方法二：使用鼠标右键单击要复制的图层名称，在弹出的“复制图层”对话框中，展开“文档”的下拉框，选择目标文档，那么该图层将被直接复制到目标文档中，如图 2-8 所示。

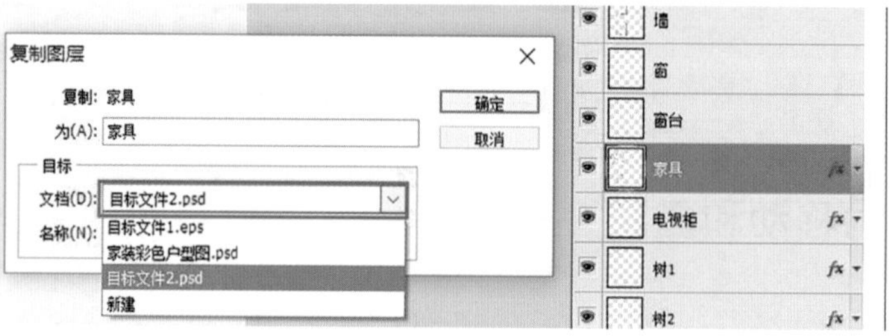

图 2-8　图层的复制

4. 整幅图像的复制

执行“图像”→“复制”菜单命令，不受选区的影响，复制的是合并图层以后的整幅画面，形成一个新的 PSD 文档。

◎ 提示：

尽量不要使用“编辑”菜单中的“拷贝”和“粘贴”命令，因为这样会占用剪贴板和内存空间。

2.3　图像编辑工具

2.3.1　橡皮擦工具

单击工具栏中的橡皮擦工具，在当前图层或者特定的选区范围内涂抹，即可删除或淡化图像。通过橡皮擦选项栏，可以设置橡皮擦画笔、模式、不透明度和流量，如图 2-9 所示。

图 2-9　"橡皮擦"工具选项栏

◎ 提示：

在 Photoshop CS6 中，有很多工具，如画笔工具、橡皮擦工具、加深/减淡工具、图章工具等都会涉及笔刷的调整，包括笔刷的样式、大小和不透明度等。

调整笔刷大小的快捷键为英文状态下的"〔"和"〕"键，对应的是减小笔刷和调大笔刷。

2.3.2　加深和减淡工具

加深和减淡工具一般用于调整彩色平面图中的局部明暗关系，一般用于道路、草地等区域，以使其色彩更加自然生动。

以道路为例，直接用灰色填充出来的道路路面非常均匀，看起来较为生硬，我们可激活减淡工具，在"减淡"工具选项栏中的"范围"列表框中选择"高光"，设置曝光度为10%，如图 2-10 所示。

图 2-10　"减淡"工具选项栏

接着在道路区域单击起始端和结束端，中间的车行道区域就会被提亮，产生被车轮压过的明暗不一的感觉，前后对比如图 2-11 所示。

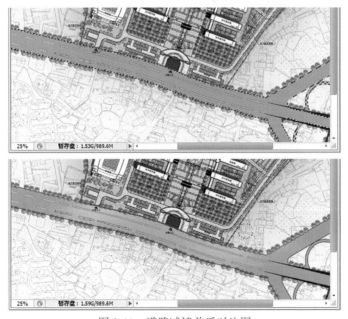

图 2-11　道路减淡前后对比图

25

◎ 提示:

在使用画笔工具、橡皮擦工具、加深/减淡工具时,单击鼠标左键确定起点后松开左键,再按住 Shift 键在终点处单击左键,可以擦出直线效果。

2.3.3　图章工具

图章工具主要用于修补平面中有瑕疵的区域,包括两类:仿制图章工具和图案图章工具,在规划设计中,前者较为常用。

由于草地具有退晕效果,不宜采用颜色填充工具或复制工具。单击仿制图章工具,按住 Alt 键在周围草地上单击一下(取样),然后移动光标至草地空缺区域,那么刚才的取样就被粘贴至此,多次取样和单击直至弥补完成,修补色彩过渡自然,如图 2-12 所示。

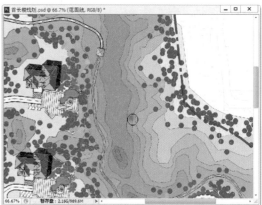

图 2-12　使用图章工具修补渐变的草地

◎ 提示:

在拖动鼠标的过程中,取样点也会随之发生移动,但取样点和复制图像位置的相对距离始终保持不变。所以,在修补较大空缺时,需要多次取样。

2.3.4　文字工具

文字工具用于在画面中添加文字,文字单独成为一个图层。

首先单击"文本工具",通过"文本"工具对话框调整文字的大小、颜色、对齐方式等,接着在图面中拉出文本框的大小,并在文本框中输入"翠林路"。在文本框中选中文字,再次调整对话框中的有关设置,直至出现满意的格式。然后单击提交图标 ✔ 或者单击其他图层,完成文字的编辑,如图 2-13 所示。

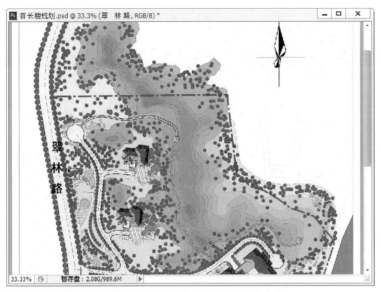

图 2-13 使用文字工具输入道路名称

　　最后，激活快捷键"Ctrl+T"，根据道路的方向调整文字的旋转角度，使文字方向与道路中心线平行，如图 2-14 所示。

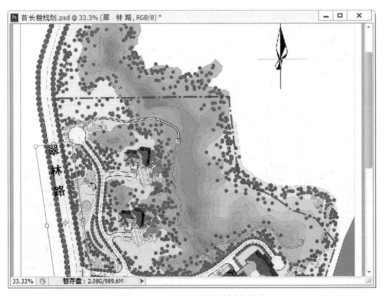

图 2-14 调整文字的旋转角度

2.3.5 裁剪工具

　　激活裁剪工具后，图面出现裁剪线，在边缘线处按住左键拖曳即可完成裁剪。裁剪删掉画面多余的部分，可让整体构图更加饱满、比例更加协调、重点更加突出，如图 2-15

所示。

图 2-15　裁剪图面大小

◎ 提示：

在进行后期效果图处理时，往往需要在 AutoCAD 中分图层导出 EPS，依据 AutoCAD
导图图框的大小，可以保证分层导出的 EPS 文件长宽大小完全一致，这样有效保证了图
层之间叠加的完全一致性。但是 PSD 文档一经裁剪，保存关闭后再次打开时将无法恢复
原来的尺寸。如果这时发现在原来 AutoCAD 导图的步骤中遗漏了部分图层，现在要将其
重新叠加到这个 PSD 文档中时，就会无法实现位置和大小的精准对应。

所以，为了避免此类情况的发生，我们不建议对文档进行裁剪，而是在图层的最上方
新建一个"图框"图层，根据构图的需要在边缘处填充黑色，实现黑色图框对图像的遮盖，
效果与裁剪无二，又保证了图像的原始导图比例和大小，如图 2-16 所示。

图 2-16　利用黑色图框调整构图

2.4　图层管理

2.4.1　Photoshop CS6 图层的显示

Photoshop CS6 图层就如同堆叠在一起的一张张形状不一的纸片，上面的图层会遮挡下面的图层，图层的上下顺序可左键单击图层名称后，按住左键上下移动进行调整。单击图层缩略图前面的显示按钮 👁，可以显示图层或关闭图层显示。

通过拖曳图层面板中的"不透明度"滑块或手动输入数值，可修改图层的不透明度，如图 2-17 所示。

图 2-17　修改图层的不透明度

除此之外，通过 Photoshop CS6 中的"图层"面板还可以创建新图层、删除图层、添加图层样式、添加图层蒙版、创建新组等，操作非常简明易懂，请大家自行尝试，下面重点针对几个图层应用做讲解。

2.4.2 图层的蒙版应用

1. 蒙版的编辑

如果某个图层只需要显示部分图形，推荐使用图层的蒙版功能。具体操作如下：

第一步，在图层面板的下方，单击"添加矢量蒙版"按钮 ，图层缩略图后方就出现了一个图层蒙版缩览图(目前为白色)，如图 2-18 所示。

图 2-18 为图层添加矢量蒙版

第二步，单击图层蒙版缩览图进入图层蒙版编辑模式，激活画笔工具，设置前景色为黑色，可适当调整画笔的大小和不透明度，在画面左侧涂抹。可看到画面中的图像被黑色画笔涂抹的部分"消失不见"了，而这种消失，不同于橡皮擦工具的涂抹删除，只是在视觉效果上不加以显示罢了；相应地，在蒙版缩览图中，会出现画笔涂抹的形状。

第三步，在上一步操作完成以后，如果发现被"消失"的部分过多，只需将画笔调为白色，再次进行涂抹，就会发现原来被遮盖的图形区域随着白色画笔的涂抹进行了重新显示。

第四步，单击其他图层，完成并退出蒙版编辑。

◎ 提示：

巧用小口令：在使用画笔涂抹图层蒙版区域时，为避免将黑笔和白笔混淆，请记住口令："黑遮白显"。

2. 复制蒙版区域

右键单击图层右侧的蒙版缩览图，选择"添加蒙版到选区"，左键单击另一个目标图层，单击图层面板下方的"添加矢量蒙版"按钮，完成蒙版选区的复制。此时，你会发现被复制的图层蒙版缩览图跟原来的一样，说明复制蒙版成功，如图 2-19 所示。

3. 自带蒙版的素材添加

在添加天空、草地、湖面等素材时，经常要从别的图形文档中进行复制，再粘贴进我们正在编辑的文档中。此时可以运用以下步骤，完成自带蒙版的素材粘贴。

图 2-19　蒙版的复制添加

第一步，打开素材文件，如某天空图片，选中该图形选区，执行"编辑"→"复制"菜单命令，也可使用快捷键"Ctrl+C"，此时天空图片被放置在了剪贴板中。

第二步，打开要编辑的文档，使用魔棒或多边形选择工具选中天空区域，单击"新建图层"按钮 ，再执行"编辑"→"选择性粘贴"→"贴入"菜单命令，如图 2-20 所示。

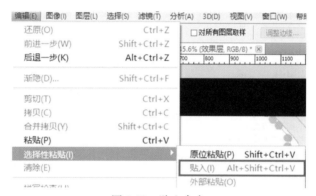

图 2-20　贴入命令

第三步，修改图层名称为"天空"，完成天空素材添加。此时的天空只在特定区域显示，对该天空素材的缩小、变形和移动等命令，并不会对显示区域造成影响。

◎ 提示：

想要达到自带蒙版的粘贴效果，一定要在创建了选区的基础上，使用"贴入"命令，而非直接进行粘贴(快捷键"Ctrl+V")操作。

2.5　图像的变换命令

对图像进行变换操作，有以下两种方法：

第一种：选中图像以后，单击执行"编辑"→"变换"菜单命令，单击选择"缩放""旋转""斜切""扭曲""透视"等命令，如图 2-21 所示。

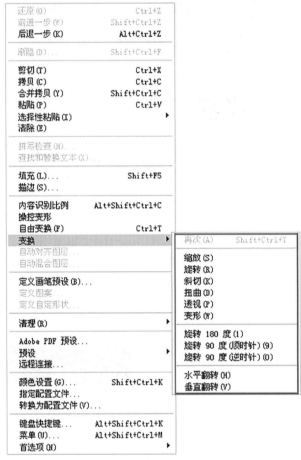

图 2-21　"变换"菜单命令

　　第二种：选中图像以后，激活快捷键"Ctrl+T"，在变换框边缘线上按住左键拖曳即可。也可以右键单击变换框，调出"缩放""旋转""斜切""扭曲""透视"等命令。

　　完成变换后单击键盘的 Enter 键或双击鼠标左键完成变换；如果要取消变换，请按键盘的 Esc 键。

　　注意：图形变换完成后，图像的选区不会自动消失，所以要对选区进行"取消选择"（快捷键"Ctrl+D"）。

　　下面是不同变换的操作方法和技巧：

1. 缩放

　　选择一个图像并执行该命令以后，将鼠标光标移动到变换框上，鼠标光标会自动变为双箭头图案，按住左键拖曳即可调整图像的大小。如果将鼠标光标放置到变换框的对角线角点上，按住 Shift 键拖曳左键可以固定缩放比例，如图 2-22 所示。

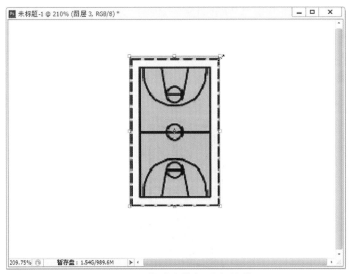

图 2-22 拖动变换框进行缩放

2. 旋转

选择一个图像并执行该命令以后，将鼠标光标移动到变换框上，鼠标光标会自动变为旋转箭头图案，按住左键移动即可调整图像的角度。如果将鼠标光标放置到变换框的对角线角点上，在按住Shift键的同时拖动鼠标，则可以按照每次15°的角度进行旋转，如图2-23所示。

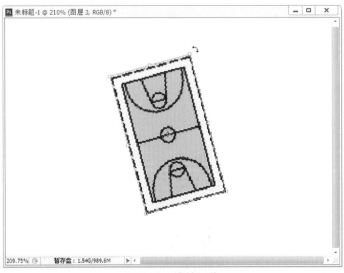

图 2-23 旋转图像

3. 斜切

选择一个图像并执行该命令以后，将鼠标光标移动到变换框上，鼠标光标会自动变为斜切箭头图案，拖动鼠标即可调整图像的倾斜效果，如图 2-24 所示。也可以使用快捷键"Ctrl+Shift"，拖动变换框边框。

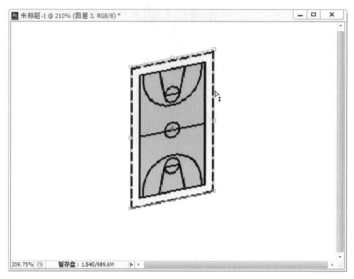

图 2-24　斜切图像

4. 扭曲

选择一个图像并执行该命令以后，将鼠标光标移动到变换框的节点上，鼠标光标会自动变为白色箭头图案，拖动鼠标即可调整图像的扭曲效果，如图 2-25 所示。也可以使用快捷键"Ctrl+鼠标左键"，并拖动变换控制框角点。

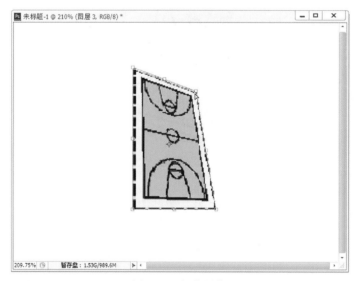

图 2-25　扭曲图像

5. 透视

选择一个图像并执行该命令以后，将鼠标光标移动到变换框的节点上，鼠标光标会自动变为白色箭头图案，拖动变换框的任一角点时，拖动方向上的另一角点会发生相反的移动，得到对称的梯形形状，从而使得图像呈现出透视的感觉，如图 2-26 所示。也可以使用快捷键"Ctrl + Alt +Shift"，拖动变换控制框角点。

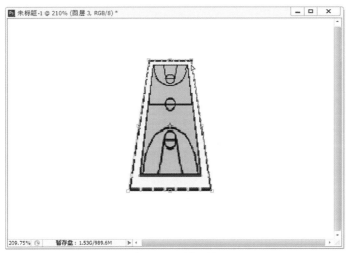

图 2-26　图像透视

6. 变形

选择一个图像并执行该命令以后，图像会被分割为九等份，调整角点即可改变图像的形状，如图 2-27 所示。

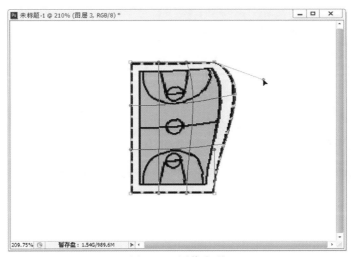

图 2-27　图像变形

2.6　图像的色彩调整

若要将 PSD 文档中众多的配景素材进行组合，则统一和谐的色调是关键。常用的图像调整命令包括：色阶、曲线、色彩平衡、亮度/对比度、色相/饱和度等，通过"图像"→"调整"菜单可以分别选择各个调整命令。

2.6.1　色阶

"色阶"是 Photoshop 最为重要的调整工具之一，它可以调整图像的阴影、中间调和高光的强度级别，校正色调范围和色彩平衡。

打开一张照片，执行"图像"→"调整"→"色阶"命令或按下"Ctrl+L"快捷键，打开"色阶"对话框，如图 2-28 所示。

◎ 提示：

色阶对话框中有一个黑色的直方图，可以作为调整的参考依据，但它的缺点是不能实时更新。如果想要实时查看直方图动态，可以执行"窗口"→"直方图"菜单命令，打开彩色直方图面板，观察其变化情况。

预设：单击"预设"选项右侧的下拉按钮，在打开的下拉列表中选择"存储"命令，可以将当前的调整参数保存为一个预设文件。在使用相同的方式处理其他图像时，可以用该文件自动完成调整。一般情况下，选择"自定"即可。

通道：可以在下拉列表中选择一个颜色通道来进行调整，如红色通道，如图 2-28 所示。

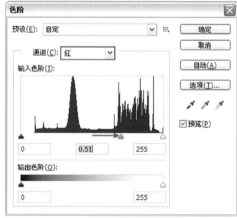

图 2-28　色阶的"通道"调整

输出色阶：把左右两个滑块往中间拖动可以限制图像的亮度范围，从而降低对比度，使图像呈现褪色效果，如图 2-29 所示。

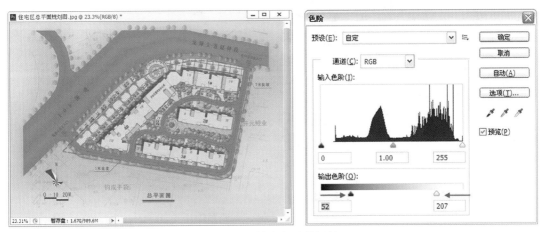

图 2-29　输出色阶的调整

2.6.2　曲线

　　"曲线"是 Photoshop CS6 中最强大的调整工具之一，它具有"色阶""阈值""亮度/对比度"等多个命令的功能。在曲线上可以添加 14 个控制点，这意味着我们可以对色调进行非常精确的调整。

　　打开一个文件，执行"图像"→"调整"→"曲线"命令，或按下"Ctrl+M"快捷键，打开"曲线"对话框。在曲线上单击可以添加控制点，拖动控制点改变曲线的形状便可以调整图像的色调和颜色。色阶曲线往上凸起，图像色调变亮；曲线下凹，图像变暗，如图 2-30、图 2-31 所示。

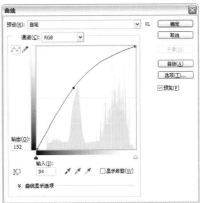

图 2-30　通过"曲线"调亮图像

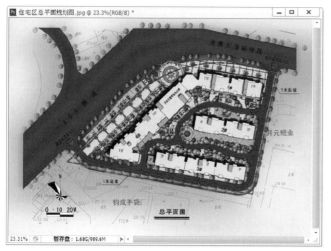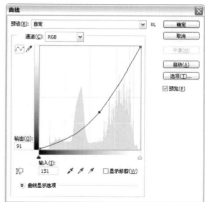

图 2-31　通过"曲线"调暗图像

2.6.3　色彩平衡

"色彩平衡"的原理是通过添加或减少互补色以改变图像的色彩平衡。

打开一个文件执行"图像"→"调整"→"色彩平衡"命令，或按下"Ctrl+B"快捷键，打开"色彩平衡"对话框，选择"中间调"单选项，调整各滑块的效果如图 2-32 所示。

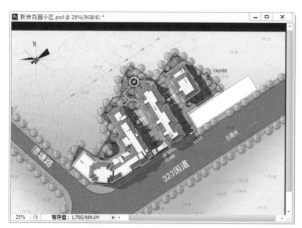

图 2-32　通过"色彩平衡"调整图像色彩

2.6.4　亮度/对比度

打开一张图片，执行"图像"→"调整"→"亮度/对比度"命令，弹出"亮度/对比度"对话框。向左拖动滑块可降低亮度和对比度；向右拖动滑块可增加亮度和对比度，如图 2-33 所示。

图 2-33 通过"亮度/对比度"提亮图像

若勾选"使用旧版"选项，可以得到与 Photoshop CS3 以前的版本相同的调整结果（即进行线性调整），如图 2-34 所示，可以看到，旧版对比度更强，但图像细节也丢失得更多。

2.6.5 色相/饱和度

打开一张图片，执行"图像"→"调整"→"色相/饱和度"命令，弹出"色相/饱和度"对话框。通过左右拖动三个滑块，可得到不同的效果，如图 2-35 所示。

图 2-34 使用旧版效果

图 2-35　通过"色相/饱和度"调整图像

第3章　建筑户型平面图制作

【本章导读】

从本章开始，将进入住区规划案例实践练习，让我们先从建筑户型平面图的制作开始吧！

首先设计师利用 AutoCAD 软件绘制出建筑户型的平面图，对户型的各个部分进行图层分类，然后将其分图层导出 EPS 文件，再将 EPS 文件导入 Photoshop CS6 中进行后期处理，使户型图变得直观生动。

【要点索引】

1. AutoCAD 图形的导图框设定
2. AutoCAD 图形的图层管理
3. 打印生成 EPS 文件
4. 使用 Photoshop CS6 打开 EPS 文件
5. 填充墙体、玻璃和地板
6. 添加家具素材和植物素材
7. 添加文字标注和尺寸标注等图层
8. 保存和导出 JPG 图像

3.1　AutoCAD 图形的前期处理

对于户型彩色平面图的制作而言，设计师提供的 AutoCAD 图纸含有很多不必要的信息，如轴线、门窗的编号、面积信息等，要对其进行一定的删除和分类整理。

◎ 提示：

如果对图形元素进行了删除和图层归类，记得要另存一份 AutoCAD 图纸，以避免对原始户型设计图造成不可逆的误操作。

3.1.1　绘制导图框

激活 AutoCAD 软件，打开随书配套素材的 AutoCAD 源文件"户型图-原始图 . dwg"。首先我们需要使用矩形工具绘制一个导图框，以便定位打印窗口的起、终点，如图 3-1 所示。

41

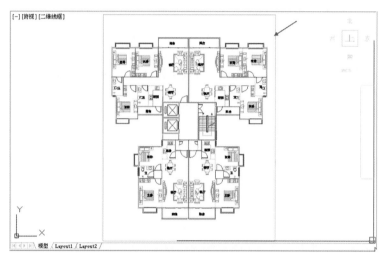

图 3-1　为户型图绘制导图框

3.1.2　整理图层

（1）执行"工具"→"加载应用程序"菜单命令，如图 3-2 所示。

图 3-2　"加载应用程序"菜单命令

（2）在弹出的"加载/卸载应用程序"对话框中找出配套素材文件夹里的"Y1"文件，并点击"加载"按钮，如图 3-3 所示。

图 3-3　加载 CAD 插件

◎ 提示：

　　YY 插件是 AutoCAD 常用的插件之一，可将其下载并保存到桌面上，以便每次在 AutoCAD 加载时快速找到它。

　　完成加载以后，在 AutoCAD 的命令栏中输入"Y"后点击回车键会出现"常用工具"对话框，如图 3-4 所示。

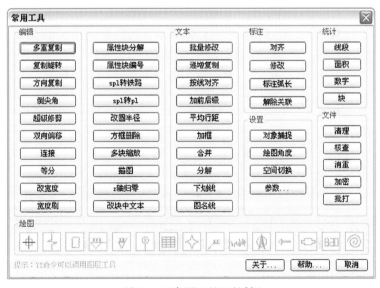

图 3-4　"常用工具"对话框

（3）在命令栏中输入"YY"后点击回车键，如图 3-5 所示。

图 3-5　输入"YY"命令

（4）在弹出的"图层"管理对话框中点击"关闭"按钮，如图 3-6 所示。

图 3-6　"图层"管理器

（5）在某一个家具、某一条轴网线上单击左键，按空格键即可关闭"家具"和"轴网"图层。只显示必要的墙体、门窗、电梯、楼梯，如图 3-7 所示。

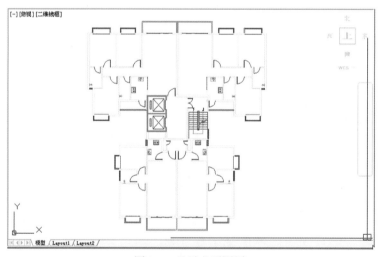

图 3-7　显示必要图层

3.1.3　打印导出 EPS 文件

（1）执行"文件"→"打印"菜单命令，如图 3-8 所示。

图 3-8 "打印"菜单命令

(2)在弹出的"打印-模型"对话框中，设置打印信息，包括将打印机"名称"修改为
"xfhorse02. pc3"（见技术专题：添加绘图仪），在"打印范围"的下拉菜单中选择"窗口"，
勾选"布满图纸"选项，并将"图纸方向"选择为"横向"，勾选"打印到文件"，最后点击
"窗口"按钮，如图 3-9 所示。

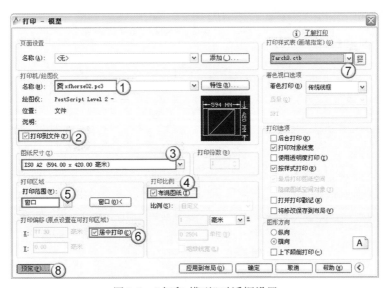

图 3-9 "打印-模型"对话框设置

◎ 技术专题：添加绘图仪

①执行"文件"→"绘图仪管理器"菜单命令，打开 Plotters 文件夹，然后双击"添加绘图仪向导"图标，如图 3-10 所示。

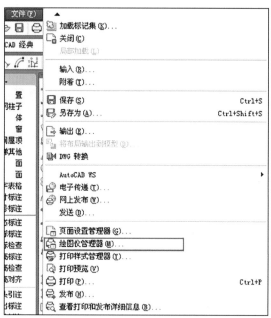

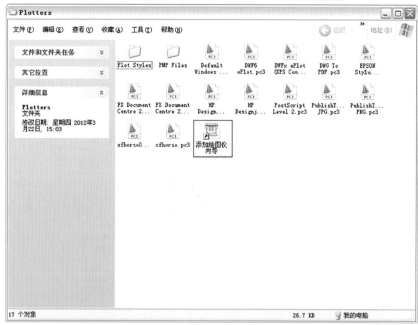

图 3-10 添加绘图仪向导

②在"添加绘图仪"对话框中根据提示添加虚拟打印设备，如图 3-11 所示。

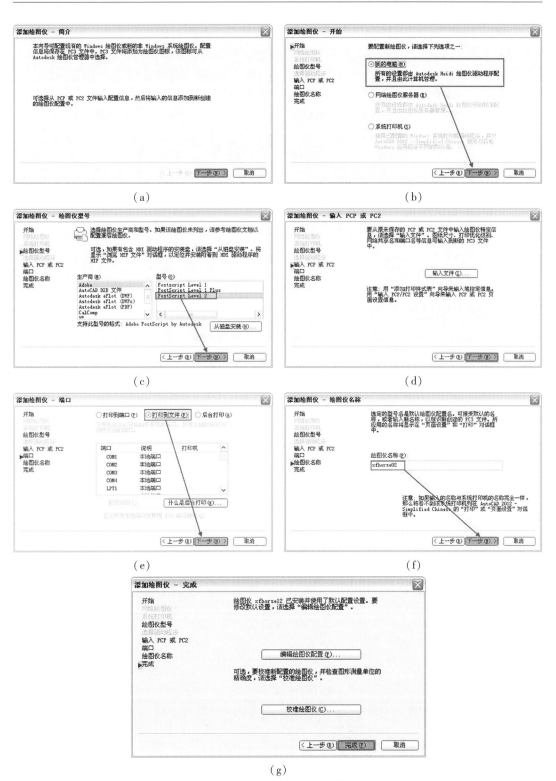

图 3-11　添加绘图仪详细步骤

③完成添加后可以在 Plotters 文件夹中看到新增了一个绘图仪配置文件，如图 3-12 所示。这样就完成了绘图仪样式的创建了，下次再运行 AutoCAD 时无须再次添加该绘图仪。

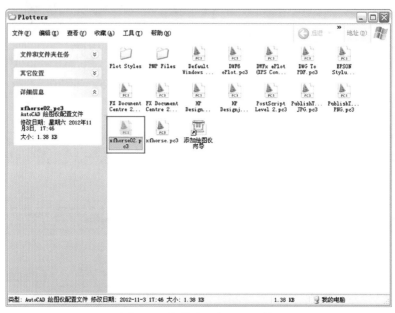

图 3-12　新增绘图仪配置文件

(3)然后在绘图区用光标选择出图框的位置，左上角为起点，右下角为端点，以此构建出打印窗口，如图 3-13 所示。

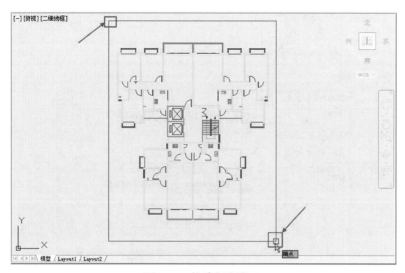

图 3-13　构建打印窗口

(4)在弹出的"打印-模型"对话框中点击"预览"按钮，如图 3-14 所示。

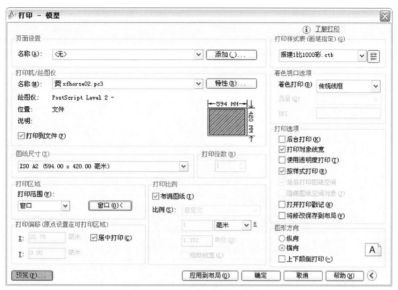

图 3-14　点击"预览"按钮

（5）若对预览效果不满意，则单击鼠标右键，点击"退出"，重复以上步骤进行修改。若对预览效果满意，则单击鼠标右键，在弹出的右键菜单中，单击"打印"，如图 3-15 所示。

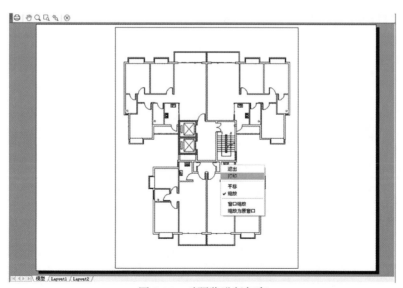

图 3-15　对预览进行打印

（6）在弹出的"浏览打印文件"对话框中将"文件名"修改为"户型图 1"，"文件类型"修改为 EPS 格式，最后点击"保存"按钮，如图 3-16 所示。

图 3-16　打印 EPS 文件

（7）采用同样的操作，分图层导出家具 EPS 文件、尺寸标注 EPS 文件。

3.2　在 Photoshop CS6 中对 EPS 文件进行处理

3.2.1　使用 Photoshop CS6 软件打开和保存文件

（1）双击 Photoshop CS6 软件图标，启动软件界面，如图 3-17 所示。

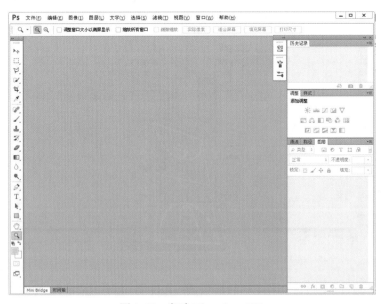

图 3-17　启动 Photoshop CS6

（2）执行"文件"→"打开"菜单命令，在弹出的"打开"对话框中选择"户型图 1. eps"文件，点击"打开"按钮，如图 3-18 所示。

图 3-18　打开文件

（3）在"栅格化 EPS 格式"对话框中将"分辨率"设置为"150"，"模式"设置为"RGB 颜色"，点击"确定"按钮，如图 3-19 所示。

图 3-19　栅格化设置

（4）执行"文件"→"存储"菜单命令，如图 3-20 所示。
（5）在弹出的"存储为"对话框中将"文件名"修改为"户型图 1"后，点击"保存"按钮，如图 3-21 所示。

图 3-20　执行"文件"→"存储"菜单命令

图 3-21　存储文件

（6）接着在弹出的"Photoshop 格式选项"对话框中点击"确定"按钮，如图 3-22 所示。

图 3-22　存储文件

3.2.2　调整图像色彩

（1）执行"图像"→"调整"→"色相/饱和度"菜单命令，如图 3-23 所示。

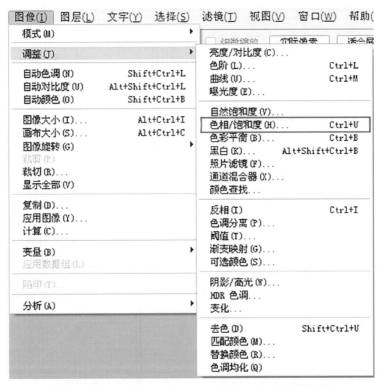

图 3-23　执行"图像"→"调整"→"色相/饱和度"菜单命令

（2）在弹出的"色相/饱和度"对话框中将"饱和度"调整为"−100"，"明度"调整为"−100"，如图 3-24 所示。

图 3-24　"色相/饱和度"对话框

（3）相关图层的图形被改成了黑色，如图 3-25 所示。

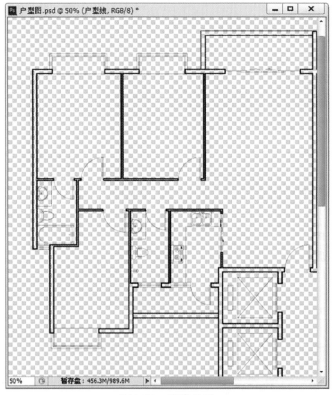

图 3-25　图像效果

3.2.3　建立白色底图

（1）点击"新建图层"按钮，双击修改图层名称为"白底"，如图 3-26 所示。

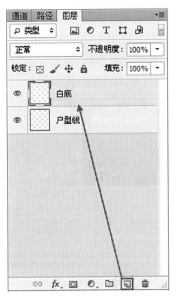

图 3-26　新建"白底"图层

（2）在"白底"图层名称上单击左键，拖曳至最底层，如图 3-27 所示。

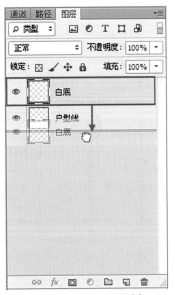

图 3-27　调整图层顺序

（3）单击前景色色块，在拾色器色盘的左上角单击，或者使用键盘输入 RGB 数值为 255、255、255，此时前景色修改为白色，如图 3-28 所示。

（4）执行"Alt+Delete"快捷键进行前景色填充，将"白底"这个图层填充为"白色"，如图 3-29 所示。

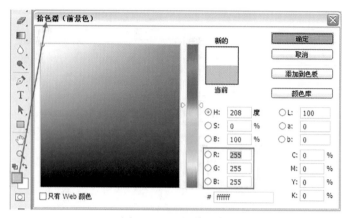

图 3-28　调整前景色

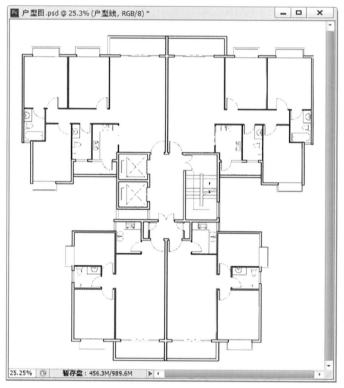

图 3-29　填充白底图层

3.3　在 Photoshop CS6 中添加素材及效果调整

3.3.1　对墙体和玻璃进行色彩填充

本案例色彩的填充包括：墙体的填充、窗户玻璃的填充；图案的填充包括：客厅地砖的填充、卧室地板的填充、卫生间地砖的填充、阳台地砖的填充、凸窗的台面的填充等。

（1）首先对墙体进行填充：点击前景色按钮，将前景色修改为 R：108，G：101，B：101，也可以拖动鼠标在色盘中点击相应的颜色，最后点击"确定"按钮，如图 3-30 所示。

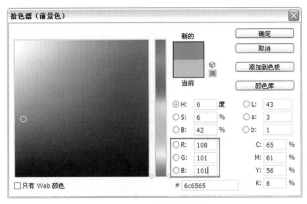

图 3-30　修改前景色

（2）选择户型线所在的图层，激活"魔棒"工具，点击双层墙线中间的空心墙体部分，下面将要对其填充为实体墙，如图 3-31 所示。

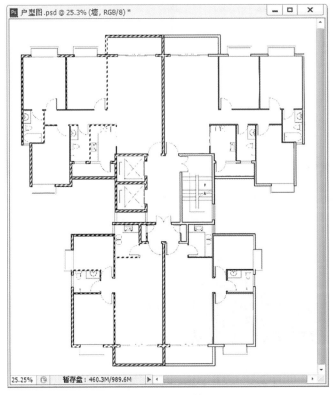

图 3-31　选择墙体区域

57

（3）按"Alt+Delete"键对选区填充前景色，如图 3-32 所示。

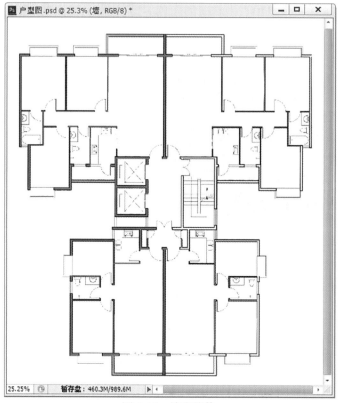

图 3-32　填充墙体

（4）再对窗户玻璃进行填充：点击前景色色板按钮，将前景色修改为 R：165，G：202，B：241，点击"确定"按钮，如图 3-33 所示。

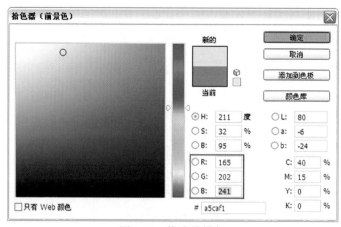

图 3-33　修改前景色

(5)激活"多边形套索"工具,将凸窗玻璃区域选取出来,如图 3-34 所示。

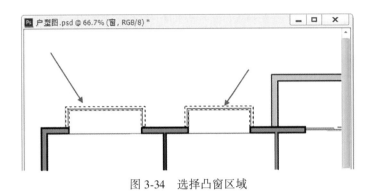

图 3-34 选择凸窗区域

(6)按"Alt+Delete"键对选区填充前景色,如图 3-35 所示。

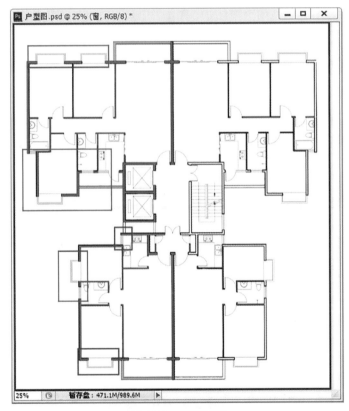

图 3-35 填充凸窗

◎ 提示:

由于每层楼是四户,而且左右两侧的户型基本是对称的,所以我们在做户型彩平面图纸的时候,只要制作出其中一侧的两个户型即可。

3.3.2　对地板进行图案填充

（1）打开配套素材的"室内素材"文件，里面包含了多个图块，如图 3-36 所示。

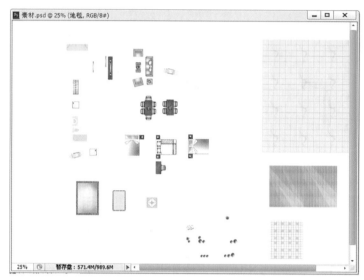

图 3-36　打开室内素材库

（2）挑选合适的图案，右键单击该图案，在右键菜单中单击该图层名称"客厅"，则激活该图层，如图 3-37 所示。

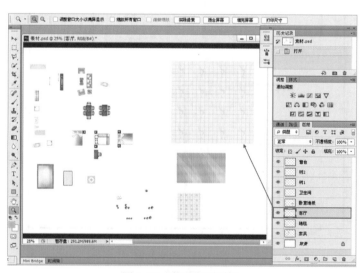

图 3-37　激活客厅图层

（3）将其复制到户型图 PSD 文件中，如图 3-38 所示。具体步骤请参考"2.2.2　图像的复制"章节。

（4）选中客厅图案选区，使用快捷键"Ctrl+Alt+鼠标左键"将客厅的铺装进行复制，并移动到下面的一个户型处，如图 3-39 所示。

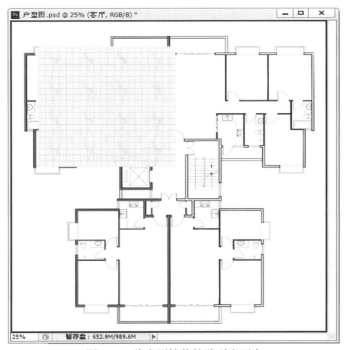

图 3-38　将客厅铺装粘贴到户型中

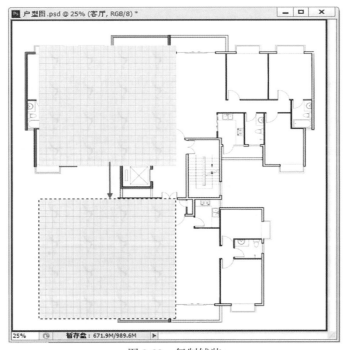

图 3-39　复制铺装

◎ 提示：

　　复制客厅图案前，可使用"Ctrl+T"快捷键命令调大地砖图案的尺寸，以避免图案拼贴。如果一定要拼贴，要注意接缝处的色彩和线条衔接过渡要自然。

　　(5)单击"客厅"图层名称，按住左键不放，将"客厅"层的图层向下拖曳到"户型线"图层的下方，如图 3-40 所示。

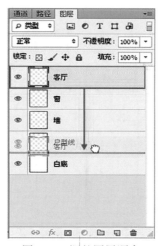

图 3-40　调整图层顺序

　　(6)选择"户型线"图层，用"魔棒"工具将两个户型中的客厅、餐厅区域选取出来，如图 3-41 所示。

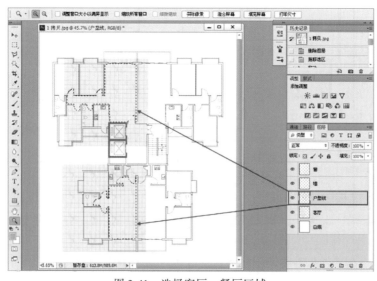

图 3-41　选择客厅、餐厅区域

（7）单击"客厅"图层，点击"添加图层蒙版"按钮。这样做的目的是使地砖图案仅在上一步选取的客厅和餐厅区域进行显示，如图 3-42 所示。

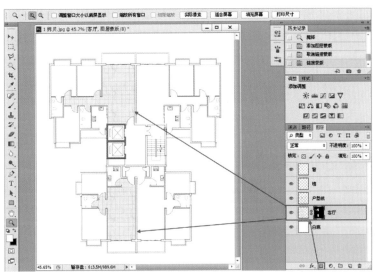

图 3-42　为图层添加蒙版

（8）采用相同的方法，完成卧室地板图案的填充，如图 3-43 所示。

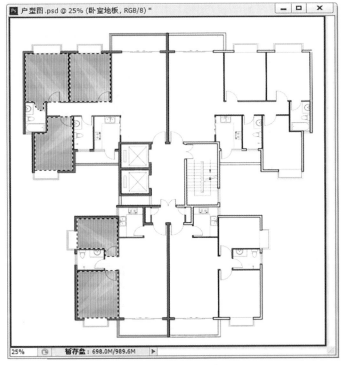

图 3-43　卧室地板填充

3.3.3 添加室内家具素材

（1）选择素材库中的"家具"图层，用"矩形框选工具"框选出一套沙发，按"Ctrl+C"键复制该图案，如图 3-44 所示。

（2）切换到户型图文档，按"Ctrl+V"键将沙发图案粘贴到客厅区域，如图 3-45 所示。

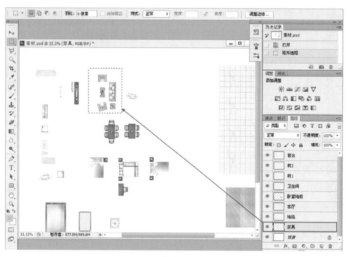

图 3-44 复制沙发图案

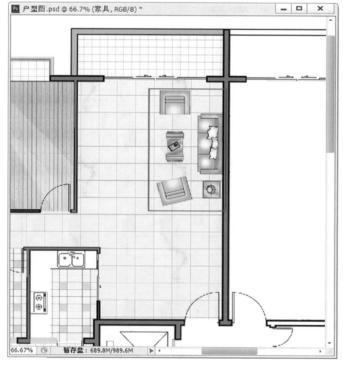

图 3-45 粘贴沙发素材

（3）使用快捷键"Ctrl+T"变换沙发图形的大小，并将其移动到合适的位置，如图3-46所示。
（4）采用相同的方法，完成其他家具素材的添加，如图 3-47 所示。

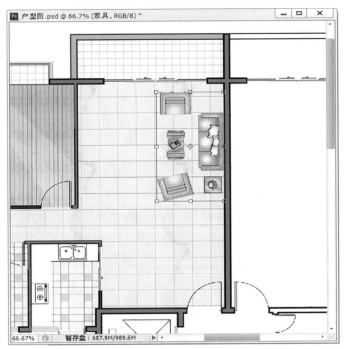

图 3-46　变换沙发素材大小

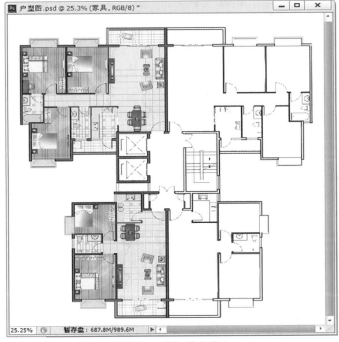

图 3-47　添加其他家具

（5）注意查看粘贴进来的家具是否在同一图层，如果是在多个图层上，注意合并图层为一个"家具"图层。

◎ 提示：

在合并图层之前，首先要拖曳这几个图层顺序，使其上下顺序排序整齐，中间不要夹杂其他图层。然后在最上面的家具图层名称上单击右键，选择"向下合并"，直至合并完所有的家具图层为止。

（6）双击"家具"图层，弹出"图层样式"对话框，勾选"投影"选项，如图 3-48 所示。

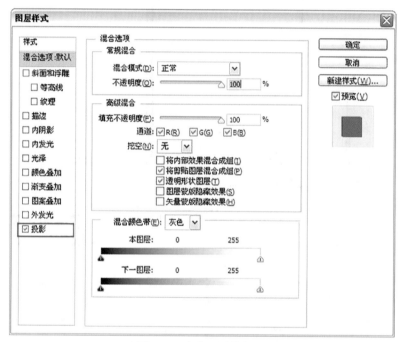

图 3-48　为家具添加投影

（7）在"投影"选项卡中，将"混合模式"调整为"正片叠底"模式，"不透明度"调整为"75%"，"角度"调整为"120 度"，勾选"使用全局光"模式，"距离"调整为"8"，"扩展"调整为"0"，"大小"调整为"5"，最后点击"确定"按钮，如图 3-49 所示。

（8）家具产生了阴影效果，更加具有立体感，如图 3-50 所示。当然，家具的阴影效果不是必需的，应根据图纸的风格和效果进行适当调整。

（9）采用同样的方法添加地毯等素材，如图 3-51 所示。

3.3.4　添加室内植物素材

（1）打开室内素材图块，点击"树 1"图层，用"矩形框选工具"框选出一棵树，如图 3-52 所示。

图 3-49 设置投影数据

图 3-50 家具投影效果

图 3-51　添加其他素材

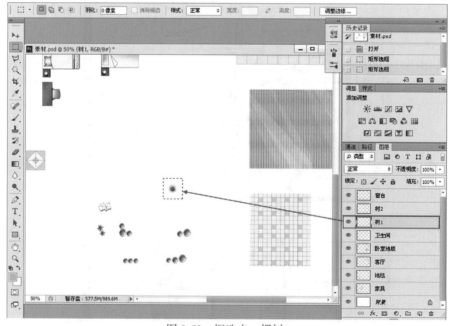

图 3-52　框选出一棵树

（2）将树复制到户型图文档中，将图层名称命名为"树1"，如图 3-53 所示。

图 3-53 添加树

（3）使用快捷键"Ctrl+T"变换树的大小，按 Enter 键完成变换。再激活移动工具将其移动到合适的位置，如图 3-54 所示。

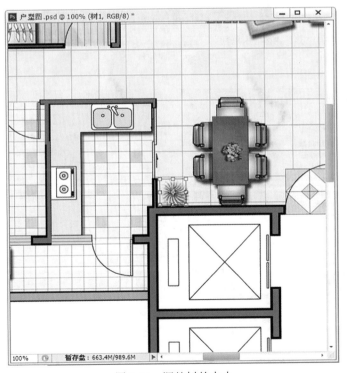

图 3-54 调整树的大小

（4）使用选框工具框选出该树木选区，使用快捷键"Ctrl+Alt+鼠标左键"将树木复制到图中其他相应位置，如图 3-55 所示。

（5）双击"树 1"图层，弹出"图层样式"对话框，在该对话框中勾选"投影"选项，如图 3-56 所示。

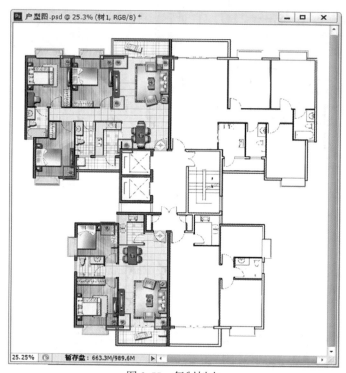

图 3-55　复制树木

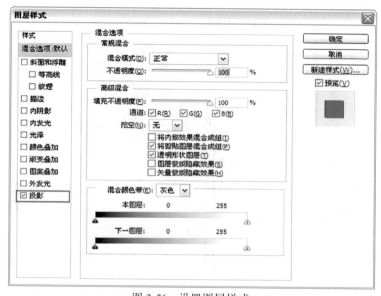

图 3-56　设置图层样式

（6）点击"投影"选项弹出"投影"选项卡，将"混合模式"调整为"正片叠底"模式，"不透明度"调整为"75%"，"角度"调整为"120 度"，勾选"使用全局光"模式，"距离"调整为"7"，"扩展"调整为"0"，"大小"调整为"3"，最后点击"确定"按钮，如图 3-57 所示。

（7）调整阴影后的树木的效果，如图 3-58 所示。

图 3-57　设置投影选项

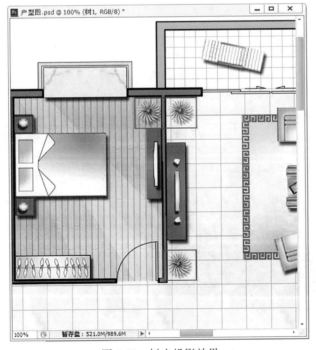

图 3-58　树木投影效果

（8）采用相同的方法完成其他植物素材的添加，如图 3-59 所示。

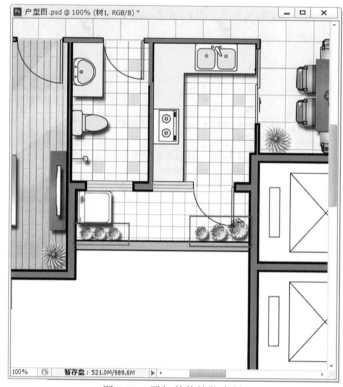

图 3-59　添加其他植物素材

3.3.5　添加文字标注

（1）将前景色修改为黑色，即 R：0，G：0，B：0，点击"确定"按钮，如图 3-60 所示。

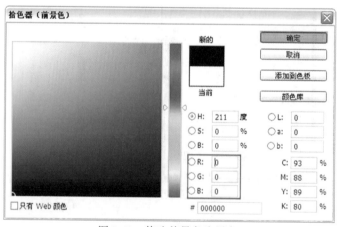

图 3-60　修改前景色为黑色

（2）点击激活"横排文本工具"，在客厅区域拉出文本框的大小，在文本工具选项栏中将字体修改为"黑体"，字体大小修改为"25"，如图 3-61 所示。

（3）在文本框中输入文字"客厅"，单击"提交"按钮 ✔，完成文字的编辑，如图 3-62 所示。

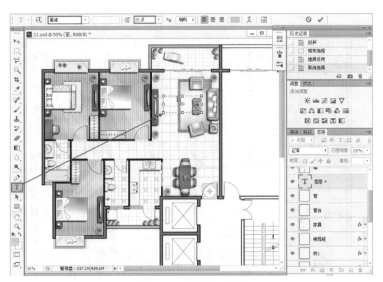

图 3-61　编辑文本框

图 3-62　提交文字

（4）同理，完成其他标识房间功能的文字的添加，如图 3-63 所示。

图 3-63　添加其他文字

（5）将前期分图层导出的标注 EPS 文件复制到户型图文档中，注意位置要精确定位。

（6）执行"图像"→"裁切"菜单命令，裁剪图像至构图饱满均衡。

（7）执行"文件"→"存储"菜单命令，设定保存路径，修改保存文件名，保存为"＊. PSD"格式的文件。注意，此 PSD 源文件包含大量图层信息，请妥善保管。

3.4　图像的导出

（1）执行"文件"→"存储为"菜单命令，如图 3-64 所示。

（2）弹出"存储为"对话框，将文件名修改为"户型图 1"，将格式选定为"JPEG"，点击"保存"按钮，如图 3-65 所示。

图 3-64 执行"存储为"命令

图 3-65 存储设置

（3）在弹出的"JPEG 选项"中将"品质"修改为"12"，最后点击"确定"按钮，如图 3-66 所示。

图 3-66　调整存储品质

（4）图像导出结束，最终效果见图 3-67（放大效果见彩插图 3-67），可以使用 ACDSee 等看图软件直接打开查看，也可以使用 Photoshop CS6 软件打开，做进一步的后期处理，如裁剪、更改色调等。

图 3-67　建筑户型平面图

第4章 建筑立面图制作

【本章导读】

建筑立面图是住区规划项目文本中的重要组成部分，一般是用 AutoCAD 直接绘制，也可以通过 3ds Max 或 SketchUp 软件先建模以后再导出，再经 Photoshop CS6 进行后期处理，包括添加天空、树木，优化墙面材质表现等。本章将详细讲解如何从 AutoCAD 软件导出和从 SketchUp 软件导出立面图的不同方法，并讲解使用 Photoshop CS6 进行立面图后期处理的详细步骤。

【要点索引】

1. AutoCAD 图形的图层管理
2. EPS 文件的输出
3. 立面墙体和屋顶的图案填充
4. 玻璃材质的处理
5. 天空背景的渲染
6. 树木及其倒影的制作
7. 从 SketchUp 软件导出建筑立面的步骤

4.1 运用 AutoCAD 图纸制作建筑立面图

本章案例为一栋双拼住宅楼，我们可以只填充其中的一半，再通过镜像复制命令完成另一半。

4.1.1 处理 AutoCAD 图形

(1)激活 AutoCAD 软件，打开配套素材的"建筑立面图"AutoCAD 文件。激活矩形工具，绘制出一个导图外框，这个导图外框是后面分图层导图的参照，如图 4-1 所示。

(2)使用"文字"命令，在立面图下方输入"8、9#楼南立面图"，如图 4-2 所示。

4.1.2 从 AutoCAD 输出文件

(1)执行"文件"→"打印"菜单命令，如图 4-3 所示。

(2)在弹出的"打印-模型"对话框中选择打印机名称为"xfhorse12. pc3"的打印机。添加此打印机的步骤详见 3.1.3 章节技术专题：添加绘图仪。图纸尺寸选择"ISO A2"，打印样式表选择"acad. ctb"，如图 4-4 所示。

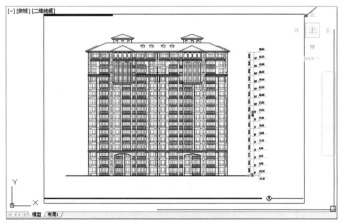

图 4-1　打开 CAD 文件

图 4-2　输入文字

图 4-3　执行打印命令

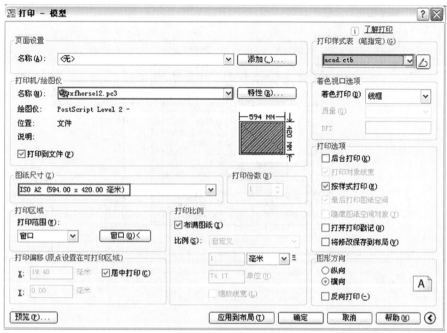

图 4-4　设置打印参数

（3）接着在"打印范围"中选择"窗口"选项，并点击后面的"窗口"按钮（图 4-5），在绘图区中按照导图框的左上角点到右下角点的方向进行拖曳，如图 4-6 所示。

图 4-5　设置打印窗口

图 4-6　框选打印窗口

（4）在弹出的"打印-模型"对话框中点击"预览"按钮，如图 4-7 所示。

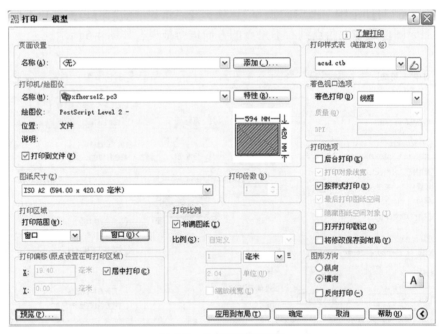

图 4-7　点击"预览"按钮

（5）在预览页面中可以通过鼠标滚轮缩放图像的大小，若对预览效果满意，则单击鼠标右键选择"打印"选项，如图 4-8 所示；若不满意，则选择"退出"，重新调整打印设置参数。

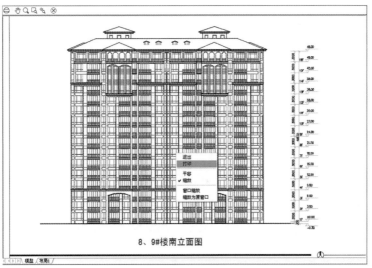

图 4-8　预览打印

　　(6)在弹出的"浏览打印文件"对话框中将"文件名"修改为"建筑立面图",点击"保存"按钮,如图 4-9 所示。

图 4-9　设置打印文件名称和类型

4.2　Photoshop CS6 后期处理

4.2.1　对导出的 EPS 文件进行处理

　　(1)启动 Photoshop CS6 软件,如图 4-10 所示。

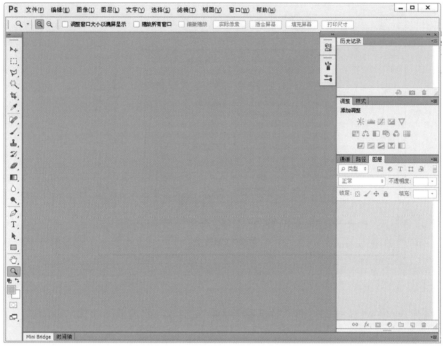

图 4-10　启动 Photoshop CS6 软件

（2）执行"文件"→"打开"命令，在弹出的"打开"对话框中选择"建筑立面图"EPS 文件，点击"打开"按钮，如图 4-11 所示。

图 4-11　打开 EPS 文件

（3）弹出"栅格化 EPS 格式"对话框，在该对话框中将"分辨率"设置为"150"，"模式"设置为"RGB 颜色"，最后点击"确定"按钮，如图 4-12 所示。

图 4-12　栅格化参数设置

（4）经过栅格化以后，图像的背景是透明的，如图 4-13 所示。

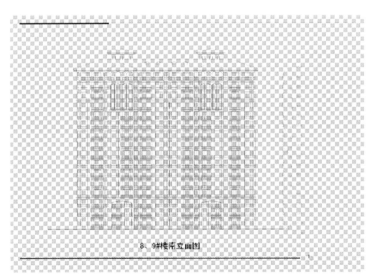

图 4-13　图像栅格化后的效果

（5）执行"文件"→"存储"菜单命令，如图 4-14 所示。

（6）在弹出的"存储为"对话框中将文件名修改为"建筑立面图"，格式为"＊.PSD"，点击"保存"按钮，如图 4-15 所示。

（7）在弹出的"Photoshop 格式选项"对话框中点击"确定"按钮，如图 4-16 所示。

图 4-14   执行存储命令

图 4-15   设置存储参数

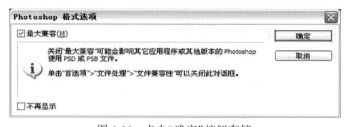

图 4-16   点击"确定"按钮存储

(8)执行"图像"→"调整"→"色相/饱和度"菜单命令，如图 4-17 所示。

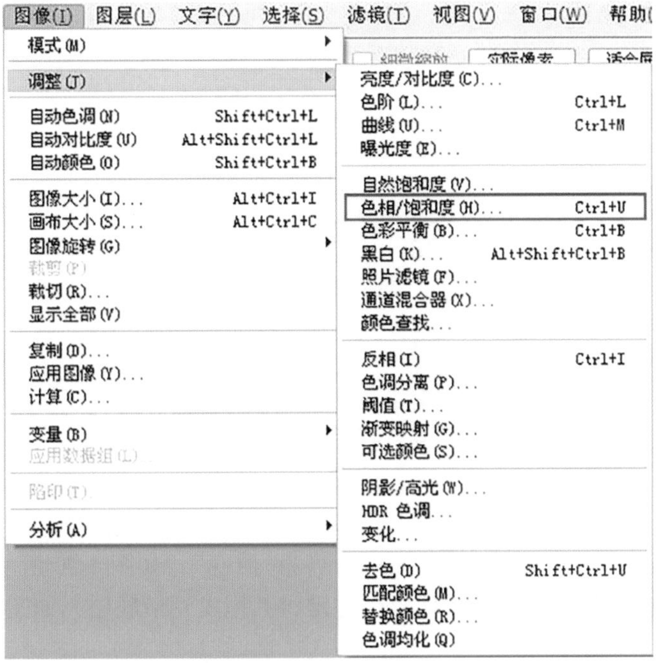

图 4-17　执行"色相/饱和度"命令

(9)在弹出的"色相/饱和度"对话框中将"饱和度"调整为"-100"，"明度"调整为"-100"，如图 4-18 所示。可以看到，图像中的所有线条全部变成了黑色，如图 4-19 所示。

图 4-18　调整"色相/饱和度"设置

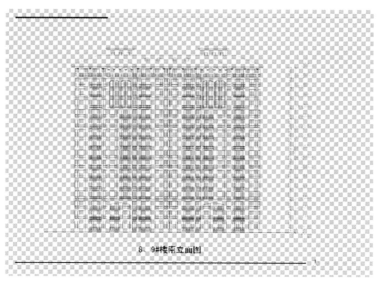

图 4-19　图像去色效果

（10）点击"新建图层"按钮，将新图层命名为"白底"，如图 4-20 所示。

（11）选择"白底"这个图层，按住鼠标左键将其拖曳到最底层，如图 4-21 所示。

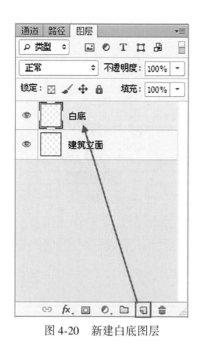

图 4-20　新建白底图层

图 4-21　调整图层顺序

（12）点击前景色图标，将前景色修改为白色。执行"Alt+Delete"快捷键进行前景色填充，将"白底"这个图层填充为"白色"，如图 4-22 所示。

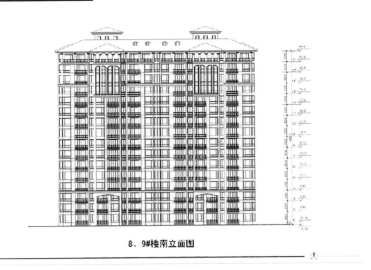

图 4-22   将"白底"图层填充为白色的效果

4.2.2   墙体和屋顶的色彩及图案填充

（1）首先，我们对墙体进行填充。点击前景色，将前景色的颜色 RGB 修改为 252、249、240，点击"确定"按钮，如图 4-23 所示。

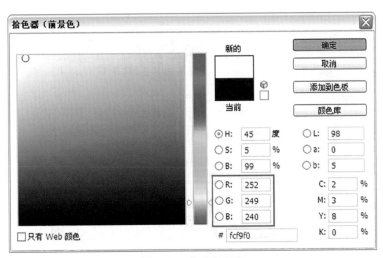

图 4-23   修改前景色

（2）点击"新建图层"按钮，将新图层的名称修改为"墙体"，接着用"多边形套索"与"矩形套索工具"，将建筑立面中的墙体部分选取出来，如图 4-24 所示。

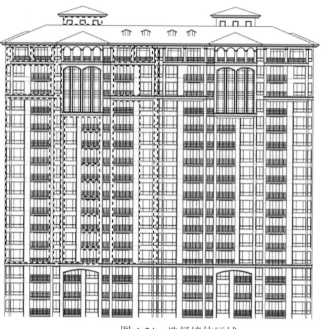

图 4-24　选择墙体区域

（3）执行"Alt+Delete"快捷键进行前景色填充，如图 4-25 所示。

图 4-25　填充墙体

（4）点击前景色，将前景色的颜色 RGB 修改为 221、203、191，并点击"确定"按钮，如图 4-26 所示。

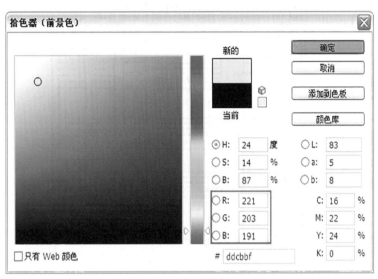

图 4-26　调整前景色

（5）点击"新建图层"按钮，新建一个图层，并将其命名为"红墙"，接着用"多边形套索"与"矩形套索工具"，将建筑立面中的红色墙体部分选取出来，如图 4-27 所示。

图 4-27　选择选区

（6）套选完成以后，执行"Alt+Delete"快捷键进行前景色填充，如图 4-28 所示。

图 4-28　填充选区

（7）接着对立面中的百叶窗部分进行填充。我们先在配套素材中选择一个"百叶"图片，使用 Photoshop CS6 软件将其打开，如图 4-29 所示。

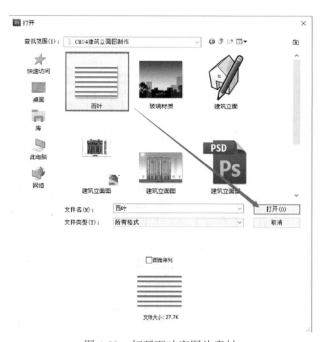

图 4-29　打开百叶窗图片素材

（8）接下来需要对百叶进行一定的色彩调整。首先设定前景色 RGB 为 254、166、108，如图 4-30 所示。

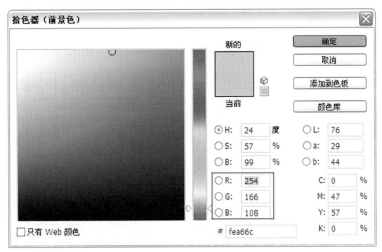

图 4-30　设置前景色

（9）新建一个图层，将其拖曳到原始图层的上方，执行"Alt+Delete"快捷键进行前景色填充，并调整图层的不透明度为 60%，这样百叶看起来变成了砖红色，如图 4-31 所示。

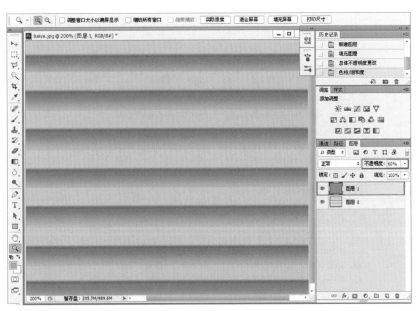

图 4-31　为百叶窗区域填充颜色

（10）使用快捷键"Ctrl+E"将两个图层合并，将修改好的这张百叶材质复制到立面图文档中，使用快捷键"Ctrl+T"激活图形变换命令，拖曳变形框的角点缩小百叶图案的大小，如图 4-32 所示。

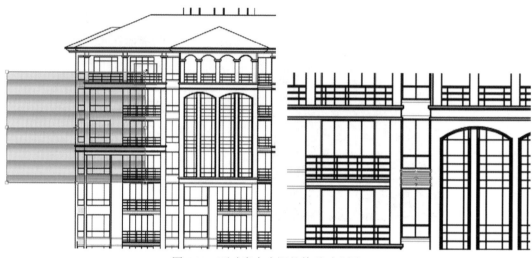

图 4-32　百叶窗大小调整前后对比图

（11）点击回车键，完成对图案大小的缩放。接着选中百叶图案选区，使用快捷键"Ctrl+Alt+鼠标左键"，将百叶的图案复制到其他相应的位置，如图 4-33 所示。

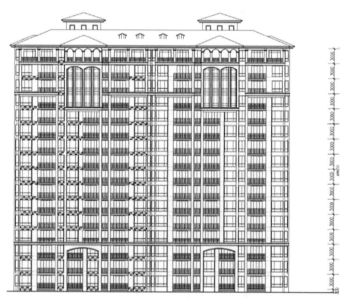

图 4-33　复制百叶窗

（12）接下来要对立面中的建筑屋顶进行填充。我们先选择一个建筑屋顶"瓦片"图片，用 Photoshop CS6 软件打开，如图 4-34 所示。

（13）将瓦片的材质复制到立面图文档中，并用快捷键"Ctrl+T"缩小瓦片图案到合适的大小，如图 4-35 所示。

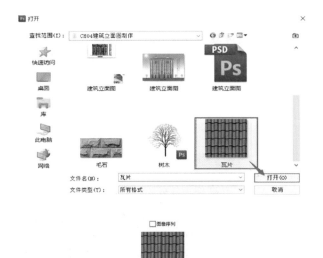

图 4-34 打开瓦片素材

图 4-35 瓦片图案大小调整前后对比图

（14）点击回车键，完成对瓦片图案的缩放。接着使用快捷键"Ctrl+Alt+鼠标左键"将屋顶的图案进行复制，如图 4-36、图 4-37 所示。

（15）用"多边形套索"工具将屋顶的区域选择出来，如图 4-38 所示。

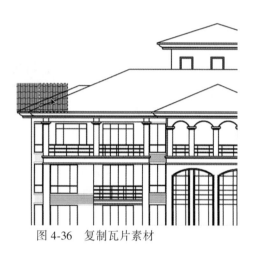

图 4-36　复制瓦片素材

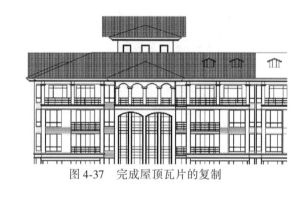

图 4-37　完成屋顶瓦片的复制

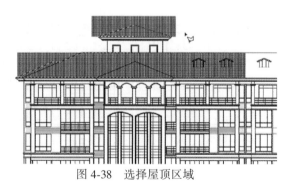

图 4-38　选择屋顶区域

(16)单击鼠标右键"选择反向"，此时屋面瓦片之外多余的部分被选中，点击"Delete"键将其删除，如图 4-39 所示。

图 4-39 屋顶瓦片反向删除后的效果

(17)执行"图像"→"调整"→"色相/饱和度"菜单命令，在弹出的"色相/饱和度"对话框中将"饱和度"调整为"-10"，"明度"调整为"+24"，最后点击"确定"按钮，如图 4-40所示。

图 4-40 调整"色相/饱和度"

(18)完成以后的屋顶效果如图 4-41 所示。

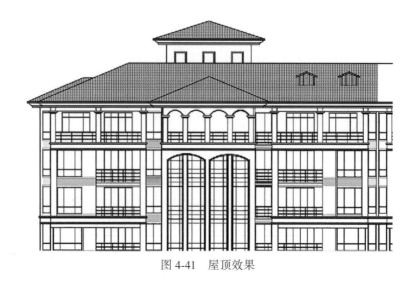

图 4-41　屋顶效果

（19）接下来采用类似的方法，完成裙楼墙体的图案填充，材质图片如图 4-42 所示。

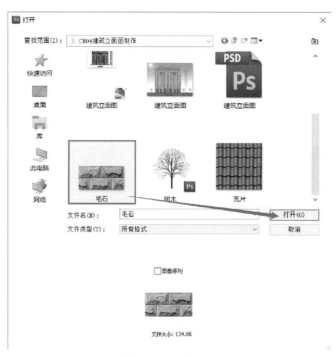

图 4-42　毛石素材

4.2.3　玻璃材质的处理

（1）调整前景色颜色 RGB 为 157、175、177，点击"确定"按钮，如图 4-43 所示。

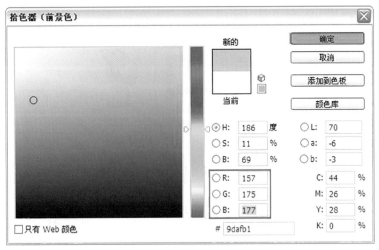

图 4-43　设置前景色

（2）新建一个图层，命名为"玻璃"，激活"矩形选框工具"将窗户区域选择出来，执行"Alt+Delete"快捷键进行前景色填充，如图 4-44 所示。

图 4-44　填充玻璃区域

（3）为了让玻璃更加生动，我们需要为其添加一个玻璃贴图。打开配套素材库"玻璃材质"图片，使用 Photoshop CS6 将其打开，如图 4-45 所示。

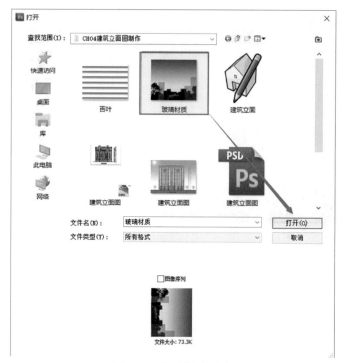

图 4-45　打开材质图片

（4）将打开的玻璃材质图案复制到建筑立面图文档中，修改图层名称为"玻璃贴图"，并用快捷键"Ctrl+T"调整图案到合适的大小，如图 4-46 所示。

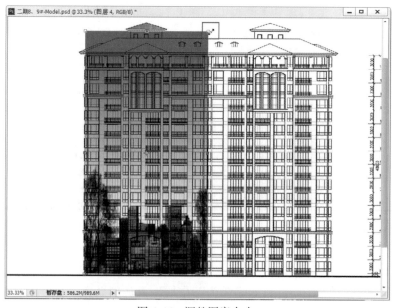

图 4-46　调整图案大小

（5）按住 Ctrl 键单击"玻璃"图层缩略图，所有玻璃区域被选中，如图 4-47 所示。

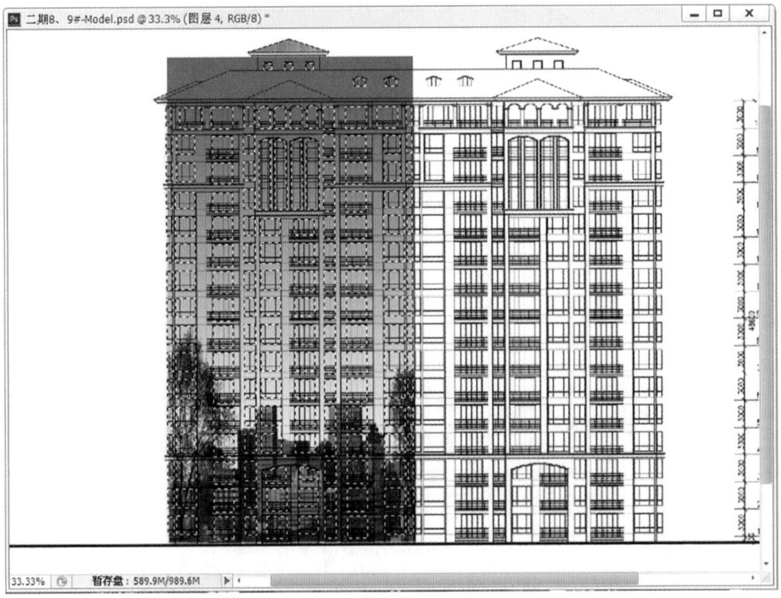

图 4-47　选择玻璃区域

（6）接着单击"玻璃贴图"图层，点击"图层蒙版"按钮，为该图层添加图层蒙版，并将蒙版图层的填充度调整为"40%"，如图 4-48 所示。你会发现，蒙版缩略图中黑色填充部分的玻璃材质被隐藏了起来。关于蒙版的知识可翻看前面 2.4.2 章节相关内容。

图 4-48　为玻璃添加蒙版

至此，这栋双拼住宅的左半边已经处理完成，接下来需要对其镜像复制以完成右半边，操作如下。

4.2.4　图案复制和镜像

（1）单击图层窗口里的最上面的图层，按住 Shift 键点击图层窗口中最下面的图层，即可完成对所有图层的选择。

（2）使用快捷键"Ctrl+Alt+Shift+E"，将第一步选中的所有图层合并为一个新图层。再激活移动工具，将此图层图像移动到右侧，如图 4-49 所示。

图 4-49　合并新图层并进行复制

◎ 提示：

在图层名称上按"Ctrl+E"键是向下合并图层，原来的图层不再保留。而按"Ctrl+Alt+Shift+E"键，直接生成一个新的合并图层，不会对原始图层造成影响。

（3）使用快捷键"Ctrl+T"，点击鼠标右键选择"水平翻转"，按回车键，完成图片的翻转。激活"移动工具"，将其移动到合适的位置，注意图案与建筑立面线条的吻合，如图 4-50 所示。

4.2.5　地面的添加

（1）新建一个图层并命名为"地平线"，用"矩形选框工具"框选出一个地平线的矩形选区，如图 4-51 所示。

图 4-50 对图像"水平翻转"

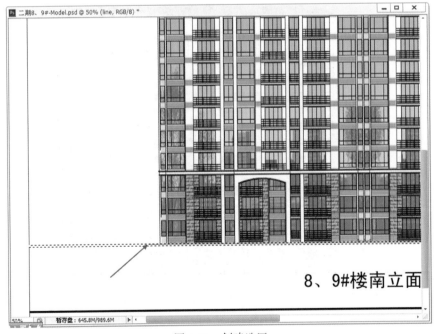

图 4-51 创建选区

(2)修改前景色为黑色，即 RGB 为 0、0、0，如图 4-52 所示。

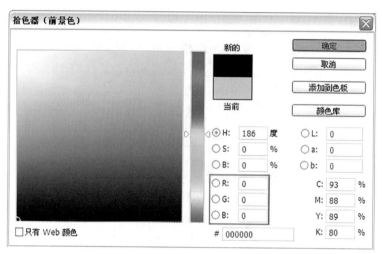

图 4-52　修改前景色

（3）执行"Alt+Delete"快捷键，对地面部分进行前景色填充，如图 4-53 所示。

图 4-53　填充地平线

（4）再次修改前景色 RGB 为 88、101、115，并用"矩形选框工具"选取地下土壤的矩形区域，进行填充，如图 4-54 所示。

图 4-54 填充土壤

4.2.6 天空背景的添加

(1)新建一个图层并命名为"天空"，用"矩形框选工具"框选出天空的区域，如图4-55所示。

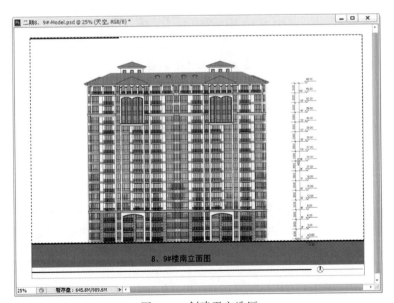

图 4-55 创建天空选区

(2)默认背景色为白色，修改前景色的 RGB 为 106、151、198，点击"确定"按钮，如图 4-56 所示。

103

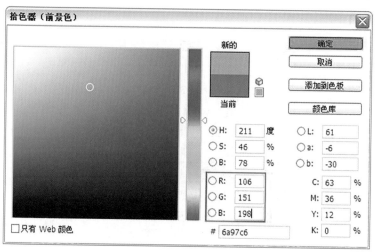

图 4-56　设置前景色

（3）激活"渐变工具"按钮 ，在渐变选项栏里选择"线性渐变"模式，在选区中按住左键从上向下拖曳鼠标，完成天空从蓝色到白色的渐变，如图 4-57 所示。

图 4-57　渐变填充

4.2.7　树木及其倒影的制作

（1）将一个树木的素材粘贴到建筑立面场景中，并用快捷键"Ctrl+T"调整其树木到合适的大小，按回车键结束变形，如图 4-58 所示。

图 4-58　调整树木素材大小

（2）配合 Ctrl 和 Alt 键，按住左键下移，将其向下复制一份出来，如图 4-59 所示。

图 4-59　复制树木

（3）使用快捷键"Ctrl+T"，单击鼠标右键，选择"垂直翻转"，如图 4-60 所示。

图 4-60　执行垂直翻转命令

（4）单击回车键完成翻转，并使用"移动工具"将其下移至树木正下方的位置，如图 4-61 所示。

图 4-61　移动树木倒影

（5）激活"矩形框选"工具，框选出树木超过地面的区域，按 Delete 键删除，如图 4-62 所示。

（6）激活"橡皮擦"工具 ，将"橡皮擦"工具选项栏中的"不透明度"调整为 52%，流量设置为"59%"，如图 4-63 所示。

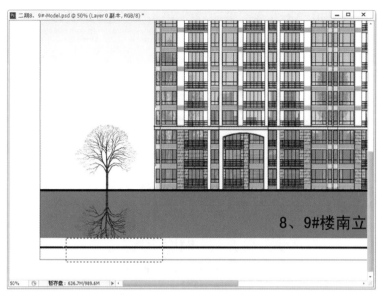

图 4-62 删除多余图像

图 4-63 橡皮擦工具选项设置

（7）在倒影的底部区域按住左键移动进行涂抹，使倒影淡化，产生若隐若现的感觉，如图 4-64 所示。

图 4-64 淡化树木倒影

（8）使用快捷键"Ctrl+Alt+鼠标左键"，复制出几份树木和倒影到其他位置，如图 4-65 所示。

图 4-65　复制树木和倒影

4.2.8　整体氛围的渲染修饰

（1）选择"天空"图层，执行"滤镜"→"渲染"→"镜头光晕"，如图 4-66 所示。

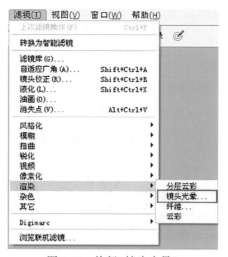

图 4-66　执行"镜头光晕"

（2）在弹出的"镜头光晕"对话框中将"镜头类型"选择为"电影镜头"，点击"确定"按钮，如图 4-67 所示。

图 4-67　设置镜头光晕参数

（3）调整完成以后，可以看到建筑立面图的天空出现了较好的光晕效果，如图 4-68 所示。这个过程可以反复操作，以确保光晕的位置和大小符合构图需要。

图 4-68　天空光晕效果

（4）大家也可以根据建筑场景所要表达的气质，探索天空其他的色彩和氛围效果，如夕阳、雨雪等天空图案的添加。

4.2.9　保存和导出图像

（1）执行"文件"→"存储"菜单命令，设定保存路径，修改保存文件名，保存为

"∗.PSD"格式的文件。

（2）再执行"文件"→"存储为"菜单命令，在弹出的"存储为"对话框中将"文件名"修改为"建筑立面图 01"，选择文件格式为"∗.JPG"，最后点击"保存"按钮，如图 4-69 所示。

图 4-69　设置存储参数

（3）在弹出的"JPEG 选项"中将"品质"修改为"12"，点击"确定"按钮，如图 4-70 所示。

图 4-70　设置存储品质

（4）保存以后的图片可以用 ACDSee 等看图软件直接打开，如图 4-71 所示（放大效果见彩插图 4-71）。

图 4-71　建筑立面图

4.3　从 SketchUp 模型中导出建筑立面图

很多时候不需要使用 AutoCAD 绘制立面图，而是结合 SketchUp 模型来制作立面图。用 SketchUp 制作建筑立面图主要包括三个过程：①在 SketchUp 中将建筑模型立面导出来；②在 Photoshop CS6 软件中对立面图进行处理；③将图像进行导出。在本章前两个小节的案例中，我们已经学会了后两步，接下来重点讲解第一个步骤，即如何从 SketchUp 模型中导出建筑立面图。

（1）双击桌面的 SketchUp 软件图标，运行 SketchUp 软件，如图 4-72 所示。

（2）执行"文件"→"打开"菜单命令，打开配套素材中的 SketchUp 场景文件"建筑立面 .skp"，如图 4-73 所示。

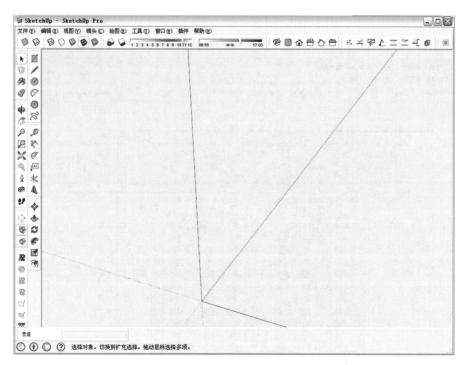

图 4-72　运行 SketchUp 软件

图 4-73　打开场景文件

（3）打开以后我们可以看到模型的透视效果，如图 4-74 所示。

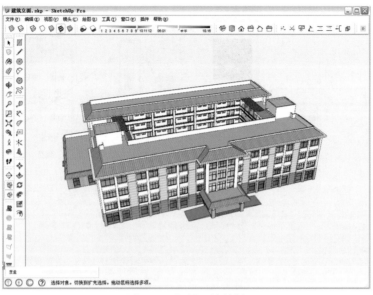

图 4-74　场景三维效果

（4）执行"镜头"→"透视图"菜单命令，取消"透视图"勾选，这样模型就会变成轴测图的显示模式，如图 4-75 所示。

图 4-75　轴测立面图

（5）我们需要在这个角度添加一个场景页面，步骤如下：执行"窗口"→"样式"菜单命令，在弹出的"样式"对话框中将"背景"颜色修改为黑色，如图 4-76 所示。

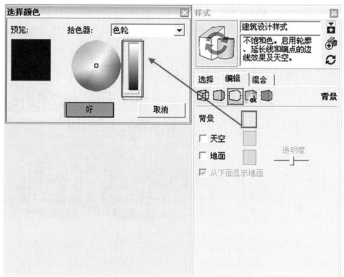

图 4-76　设置背景颜色

（6）点击"边线设置"按钮，取消勾选"显示边线"，如图 4-77 所示。

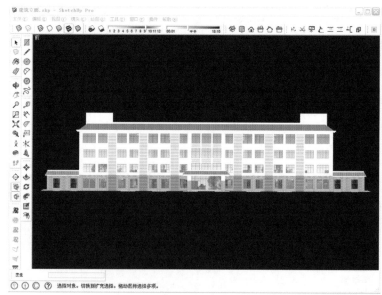

图 4-77　取消边线显示

（7）点击"显示阴影"按钮打开阴影，调整阴影设置参数，将其调整到合适的数值，使阴影角度为 30°~45°，如图 4-78 所示。

（8）执行"文件"→"导出"→"二维图形"菜单命令，如图 4-79 所示。

（9）在弹出的"导出二维图形"对话框中，将"文件名"修改为"001"，"输出类型"修改为"JPEG"，接着点击"选项"按钮，在弹出的"导出 JPG 选项"对话框中将"宽度"和"高度"修改为"3000"和"1974",勾选"消除锯齿"选项,将"JPEG 压缩"的滑块移动到"更好的质量"一侧,点击"好"按钮,最后点击"导出"按钮,如图 4-80 所示。

(10)采用相似的方法,将模型的其他几个轴测立面也导出来,如图 4-81 所示。将立面图导入 Photoshop 处理的步骤请参考 4.2 小节,在此不作详解。

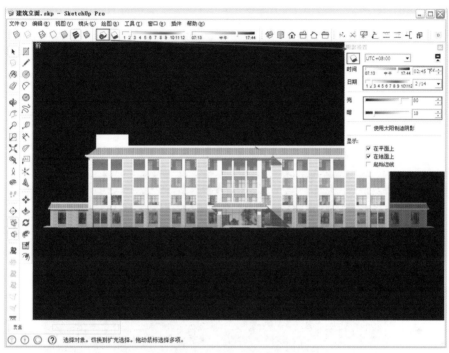

图 4-78 调整阴影显示

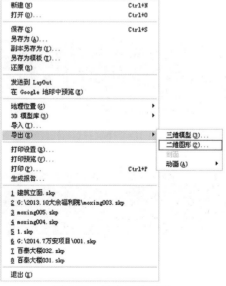

图 4-79 导出二维图形

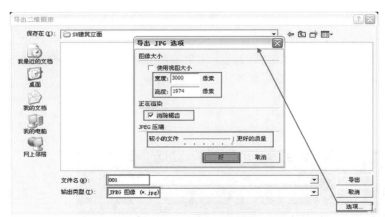

图 4-80　设置导出图形参数

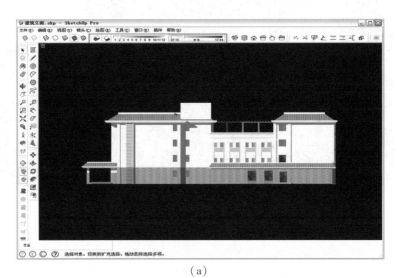

（a）

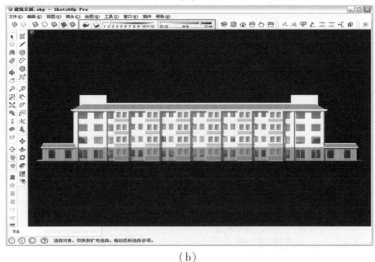

（b）

图 4-81　导出其他方向的立面图

第5章 住区规划总平面图制作

【本章导读】

规划总平面图是规划设计的核心表现图纸，着重表达建筑物的布局和大小，以及道路、绿地和建筑红线之间的关系。使用 Photoshop CS6 进行后期处理的步骤与前几章相似，首先从 AutoCAD 中分层导出 EPS 文件，再导入 Photoshop CS6 中调整色彩、添加草地和植物素材，最后导出图片。

【要点索引】

1. AutoCAD 图形的图层管理

2. 分层导出 EPS 文件

3. 色彩填充和图案叠加

4. 建筑屋顶的填充和建筑阴影制作

5. 植物和汽车素材的添加

6. 图面的构图和提亮

7. 指北针、比例尺和指标表的完善

8. 导出 JPG 图像

5.1 对 AutoCAD 图形进行图层整理

(1)激活 AutoCAD 软件，打开配套素材中的场景文件"住区规划平面图 . DWG"文件，如图 5-1 所示。

(2)归类整理图层，将同一类型的图形规整到一个图层中。图层名称尽量用中文命名，以方便查看。如图 5-2 所示。

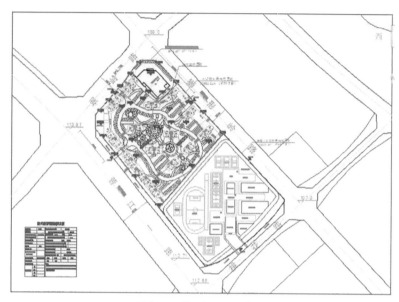

图 5-1　打开 CAD 文件

图 5-2　规范图层设置

◎ 技术专题：AutoCAD 图层模板

　　为了方便读者对 AutoCAD 图层进行归类，在本书配套素材中提供了一个"AutoCAD 图层模板"文件，如图 5-3 所示。大家只要把它复制粘贴到目标文件中，再使用特性匹配等命令进行匹配，匹配后的图层名称、颜色和线型都与这个模板文件一致，节省了自己新建和设置图层属性的步骤。

一、基础数据图层

图层名	实体类别	线形或字体	颜色	打印颜色	线宽1：500	线宽1：1000	备注
0地形图					0.13	0.13	

注：本层专门用于插入处理后的地形图。

二、外部条件图层

图层名	实体类别	线形或字体	颜色	打印颜色	线宽1：500	线宽1：1000	备注
11道路红线		Continuous			0.2	0.2	
11道路中心线		Acad_iso10w100			0.15	0.15	
11道路缘石线		Continuous			0.15	0.15	
11路名标注	Text	黑体			0.1	0.1	
12河道保护线		Dashedx2			0.5	0.45	
13电力保护线		Dashedx2			0.5	0.45	
14文物保护线		Dashedx2			0.5	0.45	

三、范围线图层

图层名	实体类别	线形或字体	颜色	打印颜色	线宽1：500	线宽1：1000	备注
21用地范围线		Cenrer			0.8	0.65	
21二期用地范围线		Cenrer			0.8	0.65	
22建筑退让红线		Dashedx2			0.25	0.25	
23地下室外轮廓线		Dashedx2			0.5	0.45	
24有效绿地范围线		Dashedx2			0.5	0.45	计算绿地率

四、建筑图层

图层名	实体类别	线形或字体	颜色	打印颜色	线宽1：500	线宽1：1000	备注
31建筑基底线		Continuous			0.45	0.35	
31建筑阳台线		Acad_iso2w100			0.25	0.2	
31建筑屋顶填充线		Continuous	自定	自定	0.05	0.05	
32保留建筑		Continuous			0.45	0.35	
32保留建筑填充线		Continuous			0.1	0.1	
33相邻应拆建筑		Continuous			0.45	0.35	注明"拆"字

五、内部元素图层

图层名	实体类别	线形或字体	颜色	打印颜色	线宽1：500	线宽1：1000	备注
41内部道路		Continuous			0.18	0.18	
41内部道路中心线		Acad_iso10w100			0.15	0.15	
41停车位		Continuous			0.15	0.15	
41内部道路路缘石		Continuous			0.15	0.15	
41入户道路		Continuous			0.18	0.18	
41广场铺地			自定	自定	0.1	0.1	
42草地及游步道		Continuous			0.1	0.1	
42树木					0.1	0.1	插入图块
43建筑装饰线		Continuous			0.1	0.1	
44体育设施					0.1	0.1	插入图块
45平面修饰线			自定	自定	0.1	0.1	

六、标注图层

图层名	实体类别	线形或字体	颜色	打印颜色	线宽1：500	线宽1：1000	备注
51建筑标注	Text	仿宋			0.1	0.1	建筑栋号、名称
52出入口标注		仿宋			0.1	0.1	
53尺寸标注	Text	仿宋			0.1	0.1	
54其他标注	Text	仿宋			0.1	0.1	坐标

七、区位图图层

图层名	实体类别	线形或字体	颜色	打印颜色	线宽1：500	线宽1：1000	备注
61区位图路网		Continuous			0.1	0.1	
62区位图范围线		Cenrer			0.6	0.45	

八、图框图层

根据打印需要选择合适的图框。

九、辅助图层

图层名	实体类别	线形或字体	颜色	打印颜色	线宽1：500	线宽1：1000	备注
91辅助线		Continuous			关闭图层	关闭图层	
92面积线	Pline(closed)	Continuous			关闭图层	关闭图层	

图 5-3　AutoCAD 图层模板

5.2　导出 EPS 文件

（1）执行"文件"→"打印"菜单命令，在弹出的"打印-模型"对话框中，将打印机选取为"xfhorse02.pc3"（详见 3.1.3 技术专题：添加绘图仪）。在"打印范围"的下拉菜单中勾选"布满图纸"选项，并将"图纸方向"选择为"横向"，勾选"打印到文件"，最后点击"窗口"按钮，如图 5-9 所示。

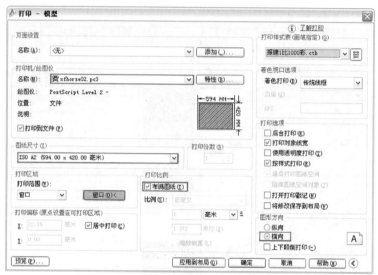

图 5-9　设置打印参数

（2）在绘图区用鼠标框选出导图框左上角到右下角点之间的区域，如图 5-10 所示。

图 5-10　框选打印窗口

（3）在弹出的"打印-模型"对话框中点击"预览"按钮，如图 5-11 所示。

（4）如果图形文件预览没有问题，则单击鼠标右键，在弹出的菜单中选择"打印"，如图 5-12 所示。

（5）接着弹出"浏览打印文件"对话框，将文件名修改为"道路中心线"，文件类型修改为"＊.eps"，最后点击"保存"按钮，如图 5-13 所示。

图 5-11 设置打印预览

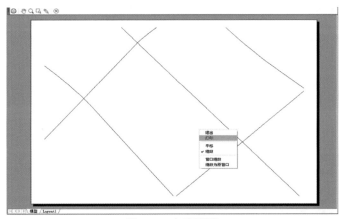

图 5-12 打印预览

图 5-13 设置打印路径、文件名和类型

（6）在命令栏中输入"YY"快捷键后点击回车键，在弹出的"图层"管理对话框中点击"显示全部"，待图层全部显示以后，再次输入"YY"快捷键后点击回车键，点击"显示指定层"按钮，如图 5-14 所示。

（7）点击需要显示的图层，这次我们选择"住宅建筑"和"图框"两个图层，操作如下：将光标移动到某一处住宅建筑处，单击鼠标左键后，再将鼠标移动到图框上，单击鼠标左键，最后点击回车键，这样就完成了这两个图层的显示了，如图 5-15 所示。

图 5-14　图层管理对话框

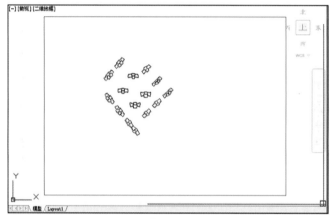

图 5-15　只显示住宅边线和图框的效果

（8）采用相似的方法导出 EPS 文件。接下来，还要继续分别导出图形标注层、商业建筑层、规划用地范围线、停车场以及其他底图 5 张 EPS 文件，如图 5-16 至图 5-20 所示。

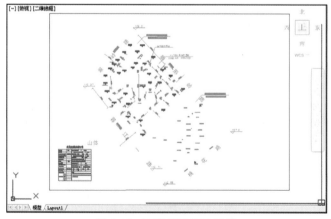

图 5-16　图形标注显示效果

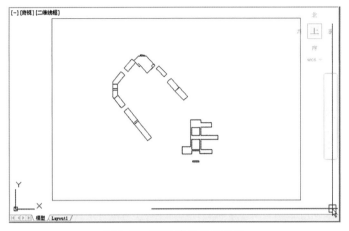

图 5-17 商业建筑显示效果

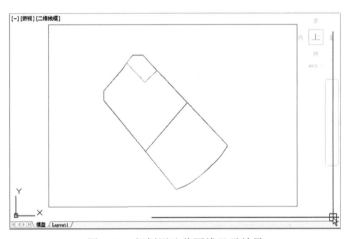

图 5-18 规划用地范围线显示效果

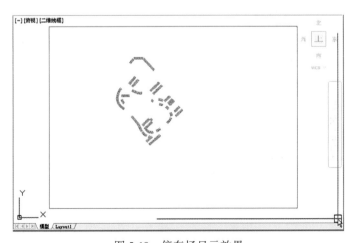

图 5-19 停车场显示效果

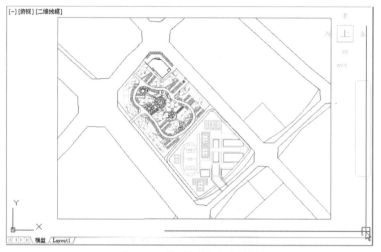

图 5-20　其他图层显示效果

◎ 提示 1：

　　在进行 AutoCAD 图纸输出 EPS 格式的时候一定要保证每次输出时打印尺寸设置和图框大小是统一的，这样在 Photoshop CS6 软件进行图层叠加的时候才能统一位置。

◎ 提示 2：

　　养成作图的好习惯，对导出的 EPS 文件进行中文命名，以利于查找和打开，如图 5-21 所示。

图 5-21　为导出的 EPS 文件命名

5.3 在 Photoshop CS6 中对 EPS 文件进行处理

（1）用鼠标双击 Photoshop CS6 软件图标，启动 Photoshop CS6 软件，执行"文件"→"打开"菜单命令，在弹出的"打开"对话框中选中前面步骤中导出的 7 张 EPS 文件，点击"打开"按钮，如图 5-22 所示。

图 5-22　批量打开 EPS 文件

（2）在弹出的"栅格化 EPS 格式"对话框中将分辨率设置为"150"，模式设置为"RGB 颜色"，点击"确定"按钮，如图 5-23 所示。

图 5-23　设置栅格化参数

（3）栅格化 EPS 图片以后，各个文件会被单独打开，并以层叠窗口的方式出现在软件界面上，如图 5-24 所示。

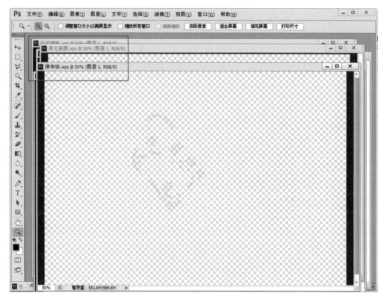

图 5-24　文件的层叠显示

（4）同时按住 Alt 与 Shift 键将"标注""道路中心线""范围线""住宅建筑"及"商业建筑"等图片拖曳至一个图片文档中，注意修改图层命名并调整图层顺序，如图 5-25 所示。

图 5-25　图层命名和顺序调整

◎ 提示：

按住 Alt 与 Shift 键将同样大小的图纸拖曳到一起，各图纸位置可保证精准对齐。

（5）执行"文件"→"存储"菜单命令，在弹出的"存储为"对话框中将"文件名"修改为"住宅区"，格式为默认的"＊.PSD"格式，点击"保存"按钮，如图 5-26 所示。

图 5-26　存储设置

（6）导出来的线条是彩色的，需要先对其进行去色处理。首先选择"住宅建筑"图层，执行"图像"→"调整"→"色相/饱和度"菜单命令，在弹出的"色相/饱和度"对话框中将"饱和度"调整为"–100"，"明度"调整为"–100"，如图 5-27 所示。

图 5-27　调整饱和度和明度

（7）由此，"住宅建筑"图层变成了黑色，如图 5-28 所示。

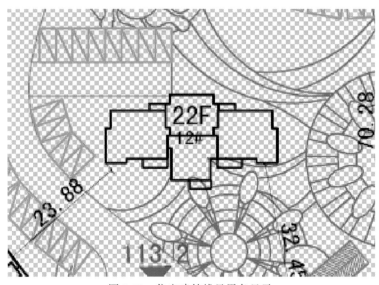

图 5-28　住宅建筑线呈黑色显示

（8）采用相似的方法将其他几个图层的图像修改成黑色，范围线除外，如图 5-29 所示。

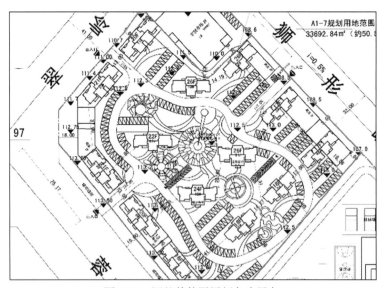

图 5-29　调整其他图层颜色为黑色

（9）在图层管理器中点击"新建图层"按钮，最上方出现一个新图层，将其命名为"白底"，如图 5-30 所示。

图 5-30 新建白底图层

（10）选择"白底"这个图层，按住鼠标左键将其拖曳到最底层，如图 5-31 所示。

图 5-31 调整图层顺序

（11）单击前景色面板，修改前景色为白色。执行"Alt+Delete"快捷键进行前景色填充，将"白底"这个图层填充为"白色"，如图 5-32 所示。

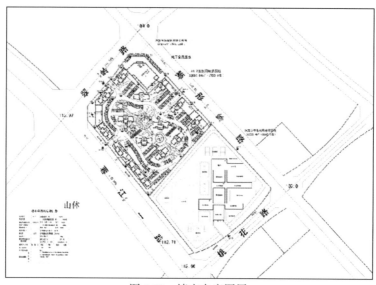

图 5-32　填充白底图层

5.4　在 Photoshop CS6 中添加素材及效果调整

5.4.1　绿地的色彩填充

（1）点击前景色，将前景色修改为 R：116，G：157，B：102，点击"确定"按钮，如图 5-33 所示。

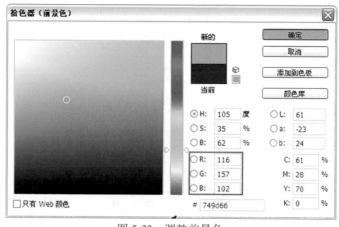

图 5-33　调整前景色

（2）在图层管理器中点击"新建图层"按钮，出现一个新图层，将其命名为"草地"。接着激活"画笔"工具，选择"柔边缘"画笔，"大小"调整为"400"，如图 5-34 所示。

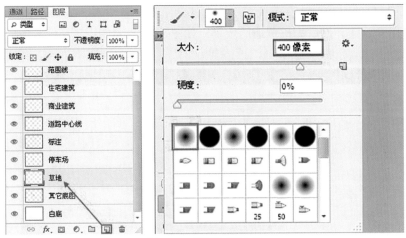

图 5-34 调整画笔参数

（3）沿着蓝色的范围线向地块内涂抹，如图 5-35 所示。

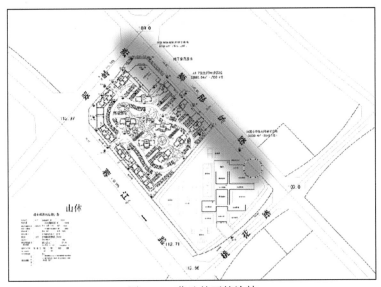

图 5-35 草地的画笔涂抹

◎ 提示 1：

在画笔工具被激活的情况下，随时按英文状态下的"["键和"]"键，就可以调整笔刷的大小。每按一次键盘上的"]"键，笔刷大小就按 25、50 或 100 等差值进行放大；同理，每按一次"["键，笔刷就会相应缩小。

◎ 提示 2：

在使用画笔工具时，单击鼠标确定起点以后，按住 Shift 键在终点处点击左键，可以画出直线效果。

（4）涂抹颜色的时候要注意，规划用地内部的草地颜色更深，向外逐步变淡，所以这个过程需要反复涂抹，最后完成草地的效果，如图 5-36 所示。

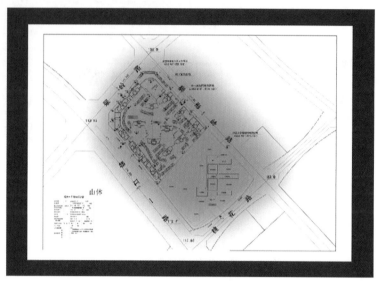

图 5-36 草地效果

5.4.2 道路的色彩填充

（1）新建一个图层命名为"道路"，将前景色调整为灰色，即 R：136，G：140，B：145，如图 5-37 所示。

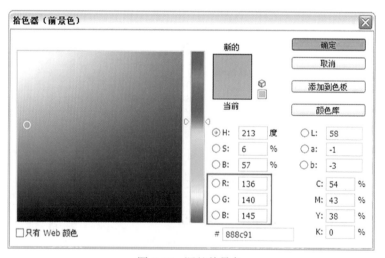

图 5-37 调整前景色

（2）激活"多边形套索"工具 ，将道路区域选取出来，按"Alt+Delete"键填充前景色如图 5-38 所示。

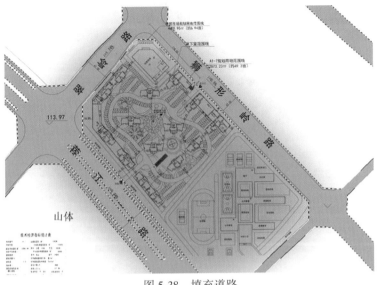

图 5-38　填充道路

（3）激活"减淡"工具 🔍，在弹出的减淡工具选项栏中选择"柔边圆"画笔，在道路选区中适当反复涂抹，使道路出现局部明暗的变化，看起来更加生动自然，如图 5-39 所示。

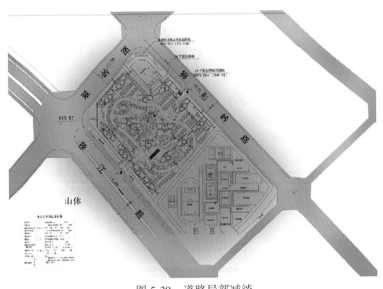

图 5-39　道路局部减淡

（4）新建一个图层命名为"小区道路"，使用"魔棒"工具 将小区道路选取出来，如图 5-40 所示。

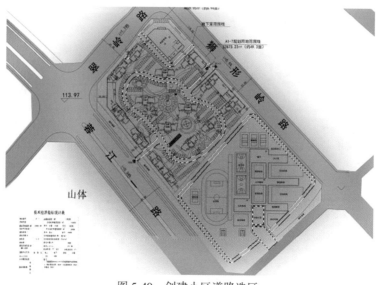

图 5-40　创建小区道路选区

（5）"前景色"修改为 R：182，G：189，B：200，按"Alt+Delete"键填充前景色如图 5-41 所示。

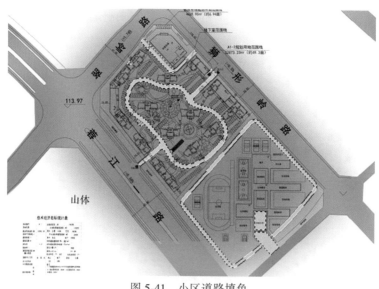

图 5-41　小区道路填色

5.4.3　铺砖的色彩填充和图案叠加

（1）新建一个图层，命名为"人行道"，接着用"多边形套索"工具 或者"魔棒"工具 将建筑前面的步行街铺地选取出来，修改前景色为淡紫色，按"Alt+Delete"键填充前景色，如图 5-42 所示。

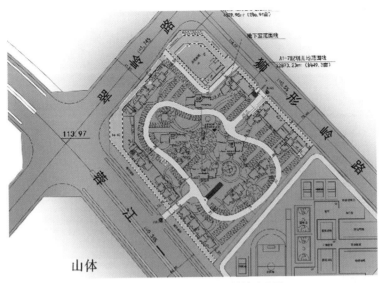

图 5-42 创建步行街选区并填充颜色

◎ 提示：

这里填充的人行道区域的色块可以是任意颜色，只是为了后面叠加图案。如果没有这一步，接下来的图案叠加操作将会失败。

（2）双击该图层缩略图，在弹出的"图层样式"对话框中勾选"图案叠加"选项，如图 5-43 所示。

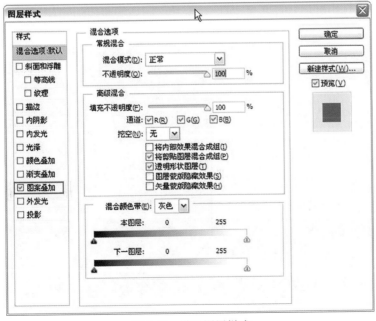

图 5-43 设置图层样式

（3）在"图案叠加"选项卡中将"不透明度"调整为"100%"，选择合适的铺装图案，将"缩放"调整为"16%"，勾选"与图层链接"选项，最后点击"确定"按钮，如图 5-44 所示。

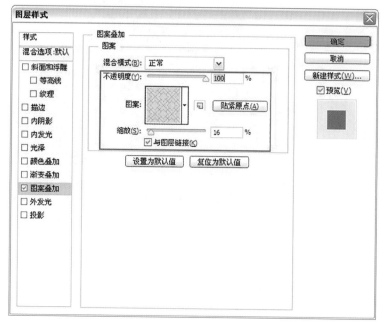

图 5-44　设置图案叠加参数

（4）可以看到，由于不透明度调到了 100%，所以该图案叠加到淡紫色区域，而不会呈现出淡紫色，如图 5-45 所示。

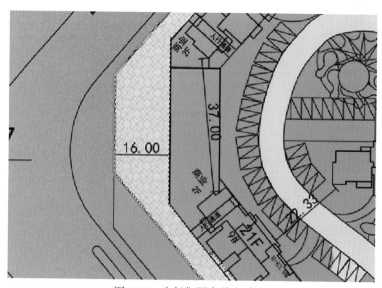

图 5-45　步行街图案填充效果

(5)继续停车场的铺装制作。新建一个图层，修改图层名称为"停车场"，接着用"多边形套索"工具 ![] 或"魔棒"工具 ![] 将停车场铺地选取出来，填充为粉色，如图 5-46 所示。

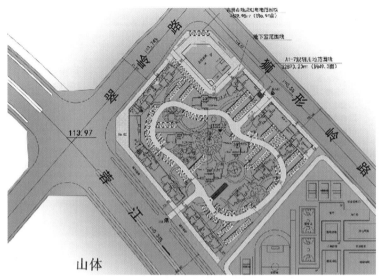

图 5-46　创建停车场选区并填充颜色

(6)双击"停车场"图层缩略图，在弹出的"图层样式"对话框中，勾选"图案叠加"选项，如图 5-47 所示。

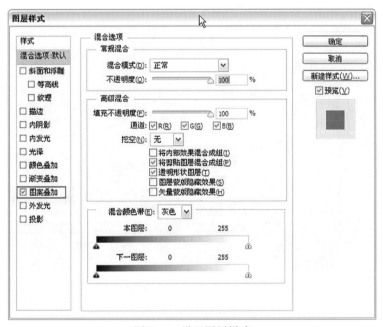

图 5-47　设置图层样式

（7）在"图案叠加"选项卡中，将"不透明度"调整为"100%"，选择合适的停车场铺装图案，将"缩放"调整为"71%"，勾选"与图层链接"选项，最后点击"确定"按钮，如图 5-48 所示。

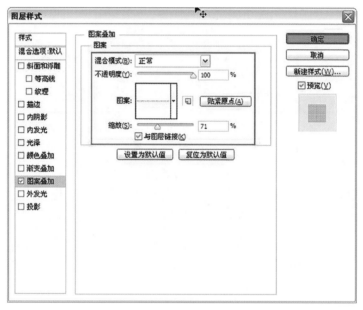

图 5-48　设置图案叠加参数

（8）停车场区域的图案添加完成，如图 5-49 所示。

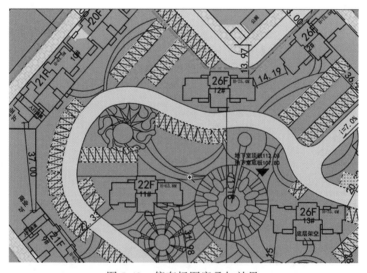

图 5-49　停车场图案叠加效果

（9）采用相同的方法完成其他铺装区域的色彩填充和图案叠加，如图 5-50 所示。大家可以打开配套素材源文件查看细部处理效果。

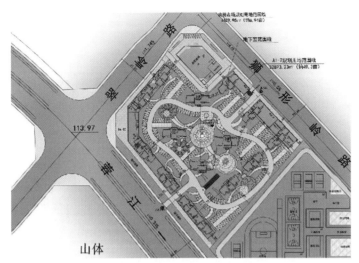

图 5-50　其他铺装填充效果

5.4.4　商业建筑的色彩填充

（1）在填充彩色平面图时，最好将不同功能的建筑进行区分表达。通常将其分为三大类：商业建筑、住宅建筑和公共服务设施建筑。另外，有些图纸中还要区分新建建筑和保留建筑、平屋顶建筑和坡屋顶建筑等。在本案例中，建筑都是新建的平屋顶建筑，所以只要区分出建筑的功能即可。

（2）用"多变形套索"工具 ，将平面中所有的商业建筑屋顶区域选取出来，如图 5-51 所示。

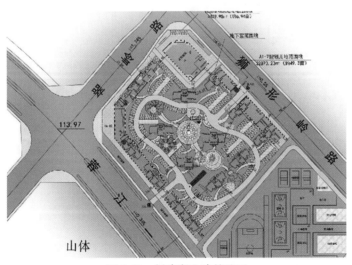

图 5-51　创建商业建筑选区

（3）新建图层，命名为"商业建筑"，修改前景色为青色，即 RGB 值为 189、229、253，按"Alt+Delete"键对选区填充前景色，如图 5-52 所示。

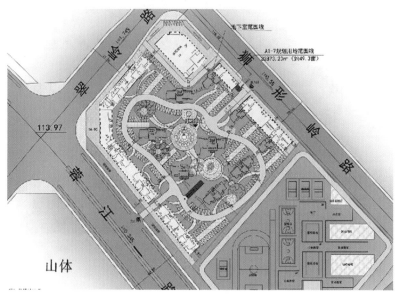

图 5-52　填充商业建筑

（4）按"Ctrl+D"键取消选区，重新激活"多变形套索"工具 ，将农贸市场建筑区域单独选取出来，并修改前景色为淡红色，即 RGB 值为 239、180、180，如图 5-53 所示。

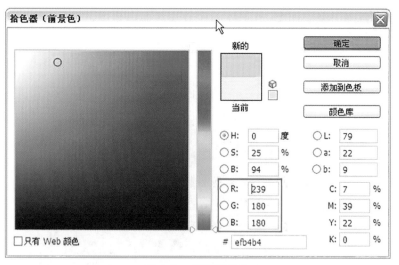

图 5-53　设置前景色

（5）按"Alt+Delete"快捷键，农贸市场区域被填充为淡红色，如图 5-54 所示。

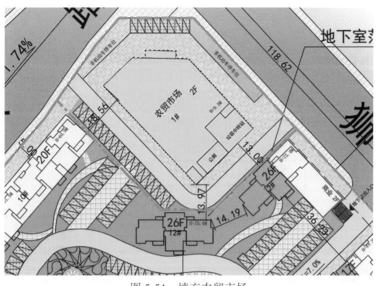

图 5-54 填充农贸市场

5.4.5 商业建筑阴影的制作

（1）单击"商业建筑"图层，配合 Alt 键按住左键将其拖曳复制一份到该图层的下面，修改图层名称为"商业建筑阴影"，如图 5-55 所示。激活移动工具，将其偏移至左上角 45°大约 5m 的位置。

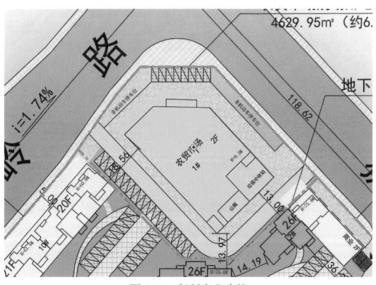

图 5-55 复制商业建筑

（2）执行"图像"→"调整"→"色相/饱和度"菜单命令，在弹出的"色相/饱和度"对话框中将"饱和度"调整到"-100"，将"明度"调整到"-70"，最后点击"确定"按钮，如图

5-56所示。

图 5-56　设置饱和度和明度参数

（3）农贸市场的阴影效果如图 5-57 所示，建筑的立体感马上就呈现出来了。

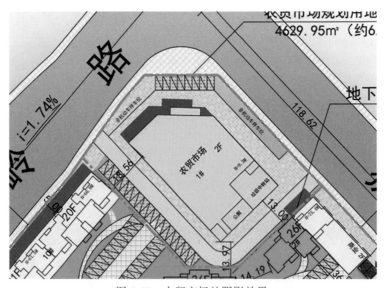

图 5-57　农贸市场的阴影效果

◎ 提示：

一般而言，在整幅图面中，由于太阳高度角一致，越高的建筑，阴影外边缘离建筑越远，阴影区域面积越大；越低矮的建筑，其阴影越靠近建筑边缘，面积越小。另外，要注意阴影方向，由于太阳从南往北进行照射，所有建筑和树木、人物的阴影方向都应该是在物体的北方，形成北偏东或者北偏西 30°~60°，所有物体的阴影方向都应该保持一致。

（4）仔细观察建筑转角位置的阴影有所失真，需要对其做进一步调整。激活"多边形套索"工具 ，将空缺的转角部位的三角形阴影区域选择出来，如图 5-58 所示。

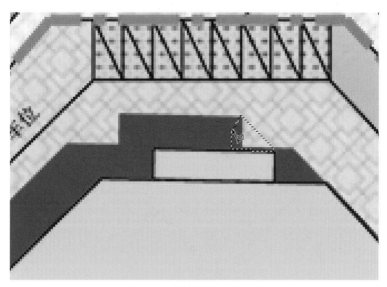

图 5-58　创建阴影空缺选区

（5）将前景色修改为阴影的颜色，并点击"确定"按钮，如图 5-59 所示。

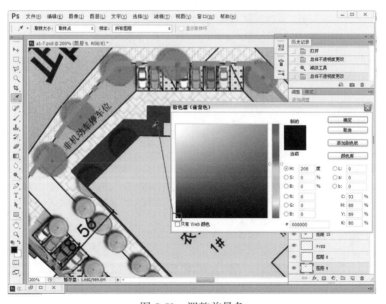

图 5-59　调整前景色

（6）按"Alt+Delete"键对所选的三角形选区填充前景色，接着将该阴影图层的"不透明度"调整为"80%"，可以在阴影区域隐约看到地面的铺装图案，更有真实感，如图

5-60所示。

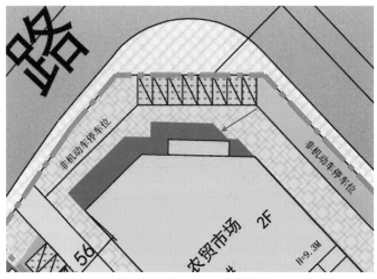

图 5-60 调整阴影不透明度

(7)采用相似的方法将平面中所有商业建筑转角处有缺陷的阴影修改过来，如图 5-61
所示。

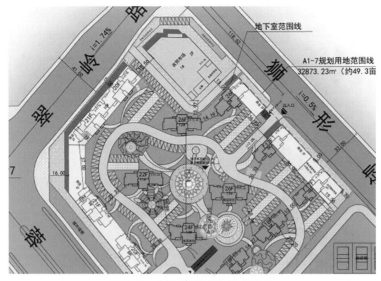

图 5-61 商业建筑阴影修正效果

5.4.6 住宅建筑的色彩填充和阴影制作

(1)新建一个图层并命名为"住宅建筑"，修改前景色为白色，即 R：255，G：255，

B：255，激活"多边形套索"工具 ，将住宅建筑区域选取出来，按"Alt+Delete"键对选区填充前景色，如图5-62所示。

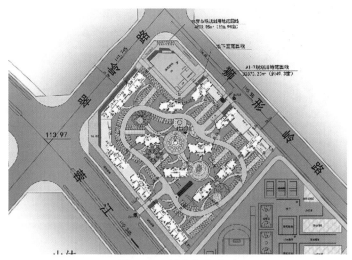

图 5-62 创建住宅选区

◎ 技术专题：吸取目标颜色

在作总平面图时，填充色彩不宜选取饱和度高的颜色，否则整体画面不够高级和协调。我们不妨使用 Photoshop 打开一张优秀的彩平图作品，点击前景色块，移动鼠标到你喜欢的那个目标色块上，鼠标变成吸管模式，点击一下鼠标左键，就会发现前景色被自动修改为目标颜色了。

（2）采用前面所学制作商业建筑阴影的方法，完成住宅建筑的阴影制作，如图5-63所示。

图 5-63 住宅阴影效果

（3）由于中学建筑在规划居住区范围外，所以只对其进行色彩填充，不做建筑阴影，如图 5-64 所示。

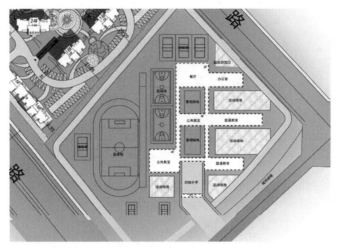

图 5-64　学校区域色彩填充

5.4.7　树木素材的添加

◎ 提示：

添加植物素材有两种方法，第一种方法是创建出树木的特定形状和区域，对选区填充颜色；第二种方法是直接从素材库中挑选合适的素材，对其复制粘贴即可，此方法较为常用。

（1）添加行道树。从素材库中选择喜欢的行道树素材，将其复制粘贴到平面中去，如图 5-65 所示。场景会自动出现一个新的图层，修改该图层名为"行道树"。

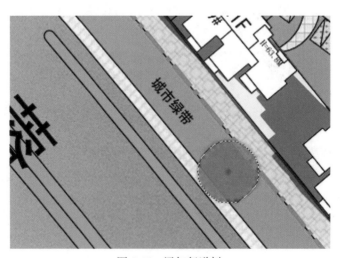

图 5-65　添加行道树

（2）使用"Ctrl+T"快捷键缩放树木到合适的大小，如图 5-66 所示。

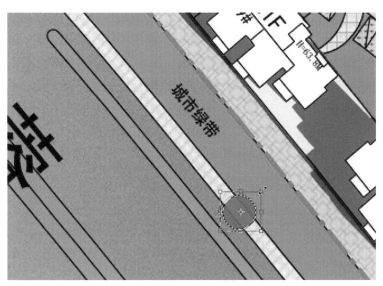

图 5-66　缩放行道树大小

（3）配合"Ctrl"和"Alt"键，按住左键移动树木选框，将树木进行多次复制，如图 5-67 所示。

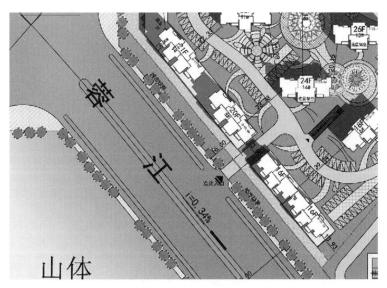

图 5-67　复制行道树

◎ 提示：

一定要在创建了树木选区之后再进行复制，不然每复制一次，都会产生一个新的图层，不利于图层精简管理。

◎ 提示：

　　在用 Photoshop 进行彩平面处理的过程中，图层应该适当地进行细分及优化，在存储的时候应该将相同性质的图层进行合并（比如树、建筑、小品等分为相应的图层）。合理地管理好图层能够大大减小 Photoshop 图像文件的大小，提高作图的效率。另外，合并图层也要讲求方法，不要把添加了效果的图层和无效果的图层进行合并，以免在后期修改效果属性的时候遇到麻烦。

　　(4) 双击"行道树"图层，会弹出"图层样式"对话框，在该对话框中需要勾选"投影"选项，如图 5-68 所示。

图 5-68　设置图层样式

　　(5) 进入"投影"选项卡，将"混合模式"调整为"正片叠底"模式，"不透明度"调整为"75%"，"角度"调整为"-32"度，勾选"使用全局光"模式，"距离"调整为"5"，"扩展"调整为"0"，"大小"调整为"2"，最后点击"确定"按钮，如图 5-69 所示。

　　(6) 行道树的阴影效果如图 5-70 所示。

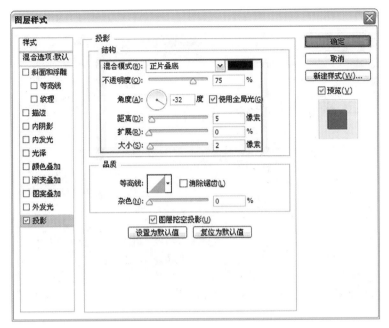

图 5-69　设置投影参数

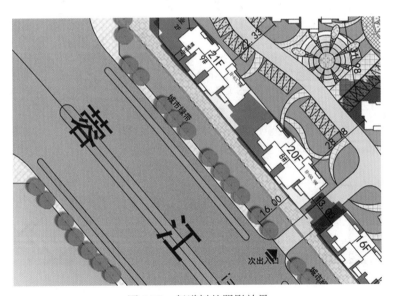

图 5-70　行道树的阴影效果

(7)采用相同的方法添加其他树种，如图 5-71 所示。

5.4.8　汽车素材的添加

(1)为了使画面更活泼，可以在道路和停车场中添加一些汽车素材，方法与添加树木相似。添加汽车素材的效果如图 5-72 所示。

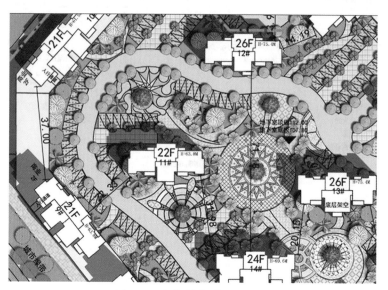

图 5-71　添加其他植物的效果

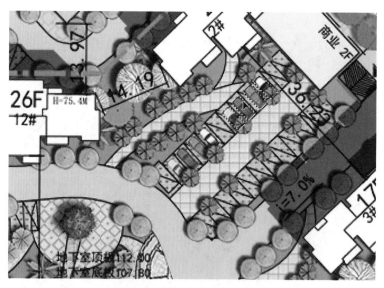

图 5-72　添加汽车素材的效果

◎ 提示：

所有汽车可放在同一图层，且不需要把车位全部填满，需在局部车位适当留白。

（2）双击"汽车"图层，弹出"图层样式"对话框，勾选"投影"选项。点击"投影"选项进入"投影"选项卡中，将"混合模式"调整为"正片叠底"模式，"不透明度"调整为"75%"，"角度"调整为"-34"度，勾选"使用全局光"模式，"距离"调整为"4"，"扩展"调整为"0"，"大小"调整为"4"，最后点击"确定"按钮，如图 5-73 所示。

图 5-73　设置投影参数

（3）依此类推，完成场景中其他汽车素材的添加和阴影设置。

5.4.9　画面的构图和雾化效果

为了增强画面的艺术感，突出视觉重点和景观亮点，需要对画面做最后的修饰。

（1）新建一个图层，命名为"黑框"。激活"矩形选框工具"[ ]，拖选出一个图框区域，如图 5-74 所示。

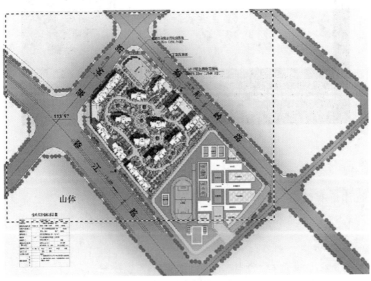

图 5-74　创建图面选区

（2）单击鼠标右键，选择"选择反向"，如图 5-75 所示。

图 5-75　选择反向

（3）将前景色调整为黑色，按"Alt+Delete"键对选区填充前景色，形成了一个黑色图框，如图 5-76 所示。

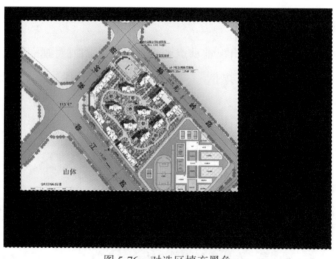

图 5-76　对选区填充黑色

◎ 提示：

　　黑色图框的作用有两个，一是基于构图的需要，凸显画面中心；二是有效地保留了原始图像的大小，未对原始图像进行裁剪，便于文件的后期编辑。

（4）新建一个图层，命名为"雾化"。激活"画笔"工具 ，选择"柔边圆"画笔，调整前景色为白色，在周边区域进行涂抹，如图 5-77 所示。

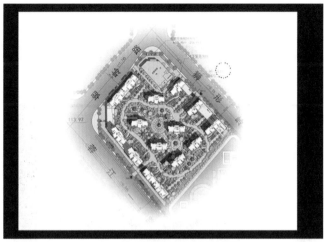

图 5-77　周边白色区域的描绘

（5）调整该图层的"填充"数值为"50%"，如图 5-78 所示。

图 5-78　设置图层填充度

（6）可以看出隐约的、半透明的白色雾化效果，如图 5-79 所示。

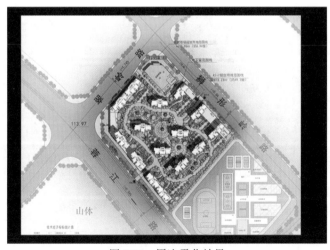

图 5-79　周边雾化效果

5.4.10　画面局部提亮和整体提亮

（1）新建一个图层，命名为"效果"图层，调整前景色为黄色，使用画笔工具对中心景观带进行涂抹，如图 5-80 所示。

图 5-80　中心地带的涂抹

（2）适当调整"效果"层的不透明度，设置图层的混合模式为"柔光"，如图 5-81 所示。

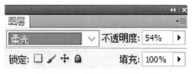

图 5-81　设置图层模式

（3）中心景观区域得到提亮，如图 5-82 所示。

图 5-82　中心提亮后的效果

（4）为了提亮整体画面的亮度，点击"图层"面板下的"调整图层"按钮  ，选择"亮度/对比度"，如图 5-83 所示。

图 5-83 调整图层

（5）软件会自动在图层的最上方新建一个"亮度/对比度"图层，同时弹出"属性"对话框，将亮度调整为"12"，"对比度"调整为"13"，如图 5-84 所示。

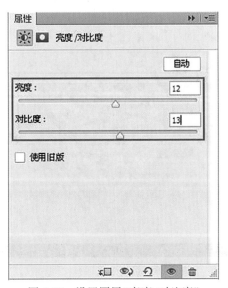

图 5-84 设置图层"亮度/对比度"

（6）整体的图面变得更加明快，如图 5-85 所示。如果对该调整图层不满意，可对该图层做进一步调整。

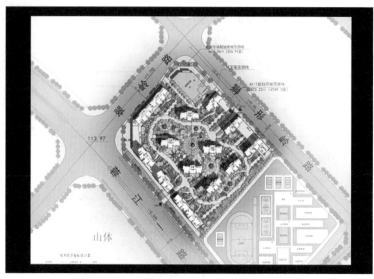

图 5-85　图面提亮效果

5.4.11　完善指北针、比例尺、指标表等元素

（1）从 AutoCAD 文件中导出"指北针和比例尺" EPS 文件，使用 Photoshop CS6 软件打开，按住左键移动到平面图的左上角，如图 5-86 所示。

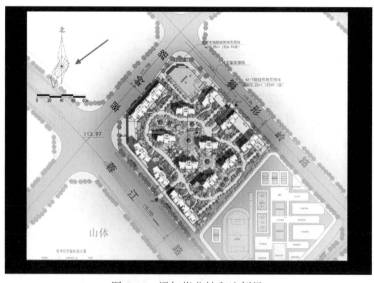

图 5-86　添加指北针和比例尺

◎ 技术专题：比例尺

比例尺是表示图上一条线段的长度与地面相应线段的实际长度之比。公式为：比例尺＝图上距离/实际距离。比例尺有三种表示方法：数字式比例尺、图示比例尺和文字比例尺。在彩色平面图制作中，我们常采用图示比例尺，所以图例一定要先在 AutoCAD 中进行精准绘制，再按照导图图框导出 EPS，再将 EPS 文件添加到平面图中，并保持其原始大小，切记不要随意进行缩放。

（2）最后查看图纸，发现左下角指标表被黑框遮挡住了，需要对其上移。单击激活"指标"图层，使用"矩形选框"工具选择指标表区域，使用"移动"工具将其上移，指标表最终效果如图 5-87 所示。

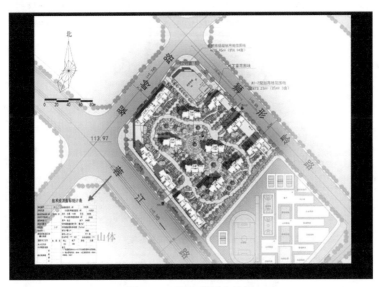

图 5-87　移动指标表位置

5.5　导出 JPG 图像

（1）执行"文件"→"存储"菜单命令，设定保存路径，修改保存文件名，保存为"＊.PSD"格式的文件。

（2）执行"文件"→"存储为"菜单命令，在弹出的"存储为"对话框中将"文件名"修改为"住宅区"，将文件"格式"修改为"＊.JPEG"，最后点击"保存"按钮，如图 5-88 所示。

（3）在弹出的"JPEG 选项"中将"品质"修改为"12"，最后点击"确定"按钮，如图 5-89 所示。

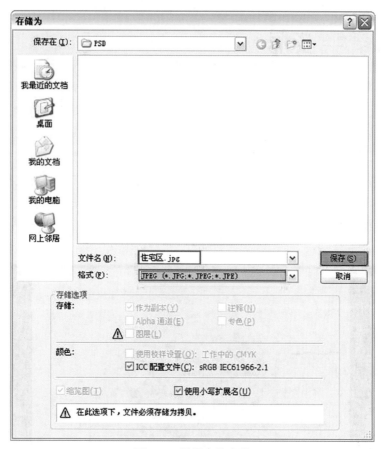

图 5-88　设置存储参数

图 5-89　设置存储品质

（4）完成导出以后就可以用 ACDSee 等看图软件直接打开该图片了，如图 5-90 所示（放大效果见彩插图 5-90）。当然，也可以使用 Photoshop CS6 软件打开，依据黑色图框进行裁剪。

图 5-90　住区规划平面图

第6章 住区鸟瞰图制作

【本章导读】

鸟瞰图是根据透视原理，用高视点透视法从高处某一点俯视地面起伏绘制成的立体图。简单地说，就是在空中俯视某一地区所看到的图像，比平面图更有真实感。

在制作鸟瞰图的过程中，三维建模占据了大部分工作量。模型要能够精准地表达出建筑的高度和材质、道路铺装和景观绿化等的详细布局。在建模以后，首先需要对模型进行灯光布局、摄像机构图和渲染，模拟出白天的光线效果。接着将其导出为图片，使用Photoshop CS6进行后期处理，添加草地、水面、植物等环境素材，调整色彩，营造氛围。最后保存和导出最终成图。

本章将介绍从SketchUp模型到3ds Max渲染，再到使用Photoshop CS6进行后期处理的详细过程。若读者尚未安装SketchUp和3ds Max软件，可直接跳过前两节，从配套素材中找到图片，进入6.3小节学习Photoshop CS6处理。

【要点索引】

1. 清理SketchUp模型多余的项目
2. 在3ds Max中设置相机
3. 设置3ds Max材质参数
4. VRay渲染设置
5. 使用Photoshop CS6后期处理的步骤
6. 保存和导出图像

6.1 从SketchUp中导出模型

6.1.1 清理SketchUp模型多余的项目

（1）运行SketchUp，打开配套素材"住区规划鸟瞰图模型"文件。本案例的这个SketchUp模型在建模之前导入了一些平立面图作为参照，建模完成后，这些平立面图可以进行删除。打开图层管理器，选择所有的AutoCAD图层，点选删除键 ⊖，如图6-1所示。

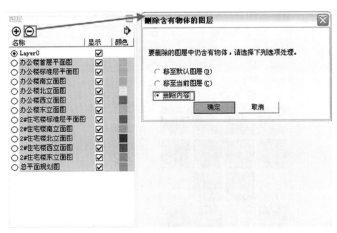

图 6-1　删除 AutoCAD 图层

(2)清除未使用的组件。执行"窗口"→"组件"菜单命令，打开"组件"编辑器，点击"模型中"面板 ⌂，然后单击"详细信息"按钮 ➡，在弹出的菜单中执行"清除未使用的项目"命令，如图 6-2 所示。

图 6-2　清除未使用组件

(3)清理未使用材质。打开"材质"编辑器，点击"模型中"面板 ⌂，然后单击"详细信息"按钮 ➡，在弹出的菜单中执行"清理未使用组件"命令，如图 6-3 所示。

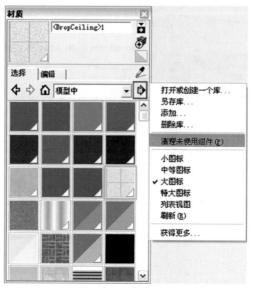

图 6-3　清理未使用材质

（4）通过场景信息管理器清理未使用材质。执行"窗口"→"场景信息"菜单命令，打开"场景信息"管理器，然后在"统计"面板中单击"清理未使用材质"按钮 清理未使用材质，可以清理无用的材质，如图 6-4 所示。

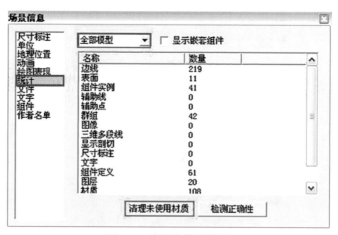

图 6-4　清理未使用材质

（5）检查是否存在过大或过小的模型贴图，调整贴图尺寸与模型大小相适应。

（6）检查模型中是否存在反面，尽量保证面向相机的表面均为正面。在反面上单击右键，在右键菜单中执行"将面翻转"命令，对面进行翻转；紧接着再次单击右键，执行"统一面的方向"命令来统一所有相邻表面的法线方向，这样可以同时修正多个表面法线，如图 6-5 所示。

图 6-5 设置正面显示

◎ 提示：

在 SketchUp 中，一个表面的两个面都可见，可以赋予不同的材质，所以不必担心面的朝向。如果内外表面都赋予相同的材质，那么表面的方向就不重要了。

但是在 3ds Max 中，多边形的表面法线方向是很重要的，因为在预设情况下只有表面的正面可见。从 SketchUp 中导出的模型如果没有统一法线，那就可能在 3ds Max 中出现"丢失"表面的现象，但并不是真的丢失面了，而是面的朝向不对。

"单色"显示模式有助于在已经赋予贴图的情况下，判断面的朝向，如图 6-6 所示。

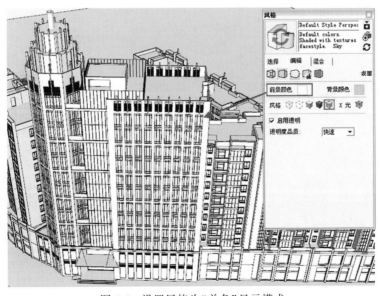

图 6-6 设置风格为"单色"显示模式

6.1.2　从 SketchUp 导出模型

（1）执行"文件"→"导出"→"3D 模型"菜单命令，在弹出的"导出模型"对话框中设置文件的保存路径和 3DS 文件类型，如图 6-7 所示。

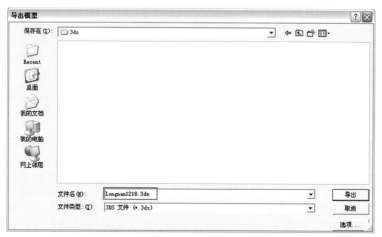

图 6-7　设置导出参数

（2）单击"选项"按钮，在弹出的"3DS 导出选项"对话框中设置"几何体"导出"所有图层"，"材质"勾选"导出贴图"选项，"偏好"选择"保存贴图坐标轴"，"比例单位"为"毫米"或"模型单位"，如图 6-8 所示。

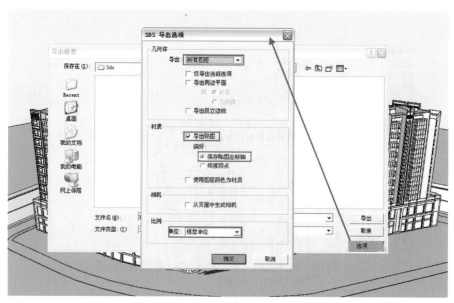

图 6-8　设置导出选项

◎ 提示：

在导出模型时，3DS 格式不支持 SketchUp 的图层，而是按几何体、组和组件定义来导出各个物体。导出时只有最高一级的物体会转换为物体。换句话说，所有嵌套的组或组件会被转换为一个物体。

勾选"导出贴图"选项后，场景中的材质也将被导出，但材质文件名限制在 8 个字符以内，不支持长文件名。

设置"偏好"为"保存贴图坐标轴"，表示 SketchUp 中的材质贴图坐标在导出时将保持不变。

(3)完成导出设置后，单击"OK"按钮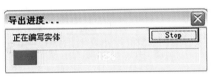导出模型。如果模型较大，则需要一点时间，进度条会提示导出进度，如图 6-9 所示。

图 6-9　导出进度条

(4)完成导出后，弹出 3DS 导出结果，如图 6-10 所示。

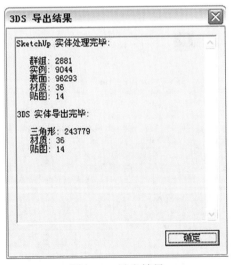

图 6-10　导出结果

技巧与提示

如果模型过于庞大，则并不能保证一次就能将全部模型导出，有时候需要分步导出。需要单独导出某一部分时，只需在"3DS 导出选项"对话框"几何体导出"中勾选"仅导出当前选项"，即可只输出当前选中的物体，如图 6-11 所示。

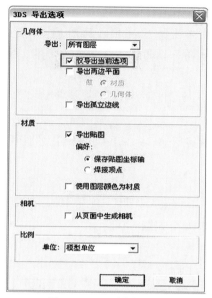

图 6-11　3DS 导出选项

6.2　导入 3ds Max 渲染

6.2.1　导入模型

（1）双击 3ds Max 2010 图标，打开 3ds Max 2010 界面，如图 6-12 所示。

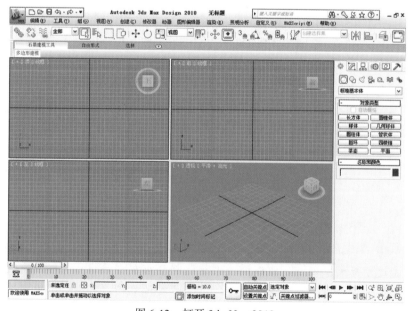

图 6-12　打开 3ds Max 2010

（2）设置场景单位。3ds Max 中的尺寸单位分为"显示单位"和"场景单位"，"显示单位"只影响几何体在视图中的显示尺寸，"场景单位"决定几何体的实际尺寸。执行"自定义"→"单位设置"菜单命令，设置单位比例为 1.0 毫米，如图 6-13 所示。

图 6-13　设置系统单位

（3）执行"文件"→"导入"菜单命令，如图 6-14 所示。

图 6-14　执行"导入"命令

（4）在弹出的对话框中找到之前保存的 3DS 格式文档并打开，如图 6-15 所示。

（5）打开文件后，在弹出的"3DS 导入"对话框中选择"合并对象到当前场景"选项，如图 6-16 所示。

（6）导入系统会提示是否要将当前动画导入，本案例不制作动画，所以单击"否"按钮 否(N)，如图 6-17 所示。

图 6-15　打开 3DS 格式文档

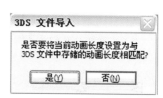

图 6-16　设置 3DS 导入选项　　　　　图 6-17　设置动画导入选项

（7）完成导入后，贴图、透明度等信息将一并导入，如图 6-18 所示。

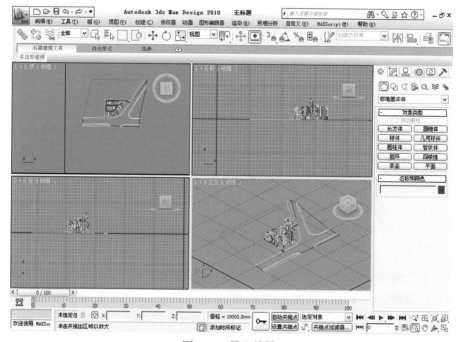

图 6-18　导入效果

6.2.2 设置摄像机

(1)单击"创建"面板下的"摄像机"按钮，然后单击"目标"按钮　**目标**　，如图 6-19 所示。

(2)接着在视图中在远处创建一架目标摄像机，如图 6-20 所示。

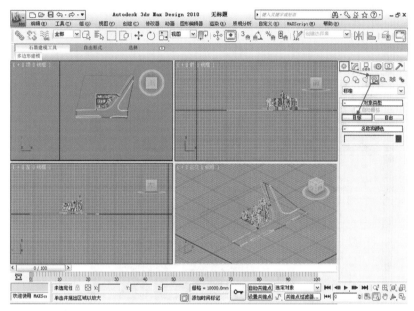

图 6-19　创建摄像机(一)

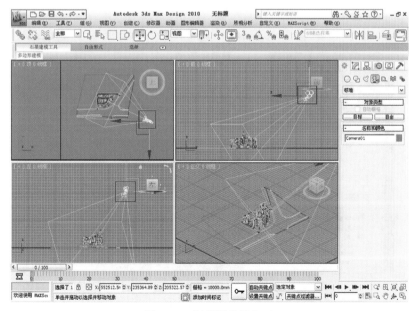

图 6-20　创建摄像机(二)

6.2.3　制作材质

1. 制作玻璃材质

（1）打开"材质编辑器"（快捷键为 M），使用"从对象拾取材质"工具 🖊，在场景中吸取玻璃的材质，如图 6-21 所示。

（2）选择拾取材质后的材质球，在"Phong 基本参数"卷展栏中调整"环境光"和"漫反射"的颜色为蓝色，接着调整"不透明度"为"40%"，如图 6-22 所示。

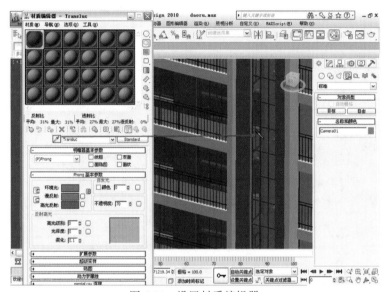

图 6-21　设置材质编辑器

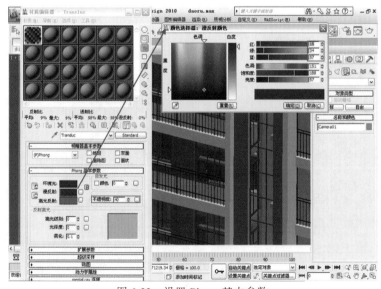

图 6-22　设置 Phong 基本参数

（3）在"反射高光"参数组中设置"高光级别"为"120"、"光泽度"为"64"，如图 6-23
所示。

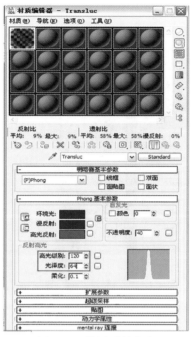

图 6-23　设置反射高光

（4）在"扩展参数"卷展栏中调整过滤色颜色，如图 6-24 所示。

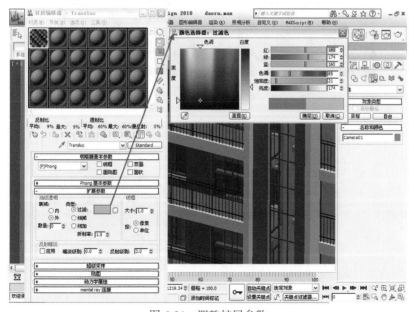

图 6-24　调整扩展参数

（5）在"贴图"卷展栏的"反射"贴图通道中加载一张"VR 贴图"程序贴图，如图 6-25 所示。

（6）加载程序贴图后，会自动切换到该贴图的参数设置面板，单击"转到父对象"按钮
返回"贴图"卷展栏，调整"反射"的"数量"为"45"，完成玻璃材质的制作，如图6-26所示。

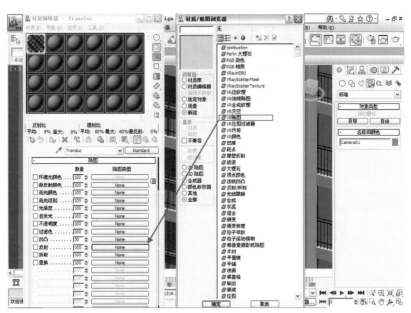

图 6-25　加载 VR 贴图

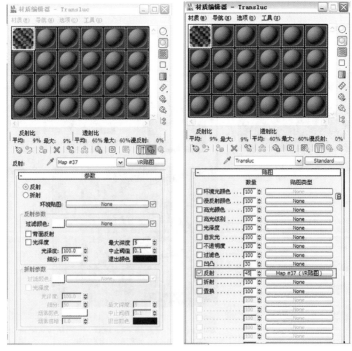

图 6-26　调整玻璃材质参数

2. 制作场景中栏杆的贴图材质

（1）选择一个空白材质球，使用"从对象拾取材质"工具 ✐ 拾取场景中阳台栏杆的贴图材质，如图 6-27 所示。

（2）单击"Standard"（标准材质）按钮 [Standard]，在弹出的"材质/贴图浏览器"对话框中设置材质类型为"混合"材质，如图 6-28 所示。

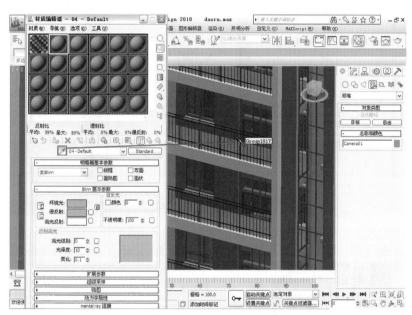

图 6-27　新建并拾取材质

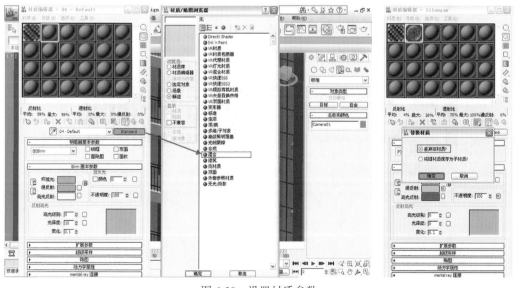

图 6-28　设置材质参数

（3）加载"混合"材质后，会自动切换到"混合"材质的参数设置面板，展开"混合基本参数"卷展栏，然后在"遮罩"通道中加载位图，如图 6-29 所示。

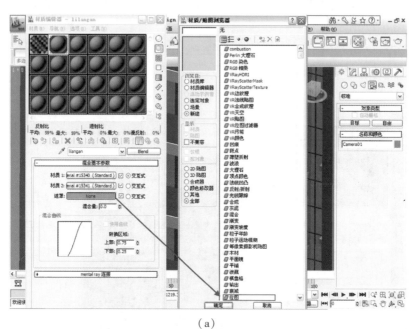

（a）

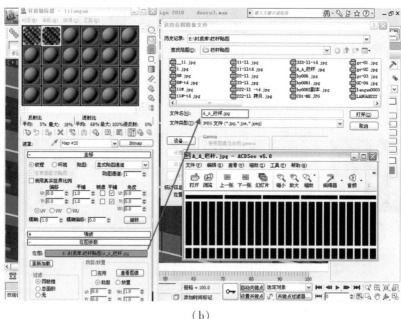

（b）

图 6-29　加载位图

技巧与提示

本书中使用的所有素材文件都可以在随书配套素材中找到。

（4）单击"转到父对象"按钮🎨，返回到"混合基本参数"卷展栏，然后单击"材质 1"通道，接着在"Blinn 基本参数"卷展栏中设置"不透明度"为"0"，如图 6-30 所示。

（5）单击"转到父对象"按钮🎨，返回到"混合基本参数"卷展栏，然后单击"材质 2"通道，接着在"Blinn 基本参数"卷展栏中调整"环境光"和"漫反射"的颜色为纯黑色，如图 6-31 所示。

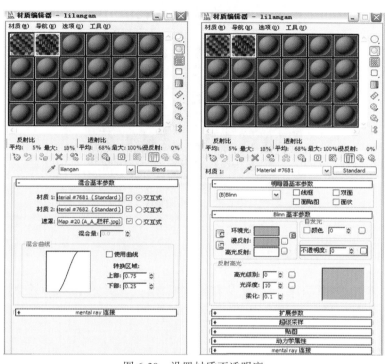

图 6-30　设置材质不透明度

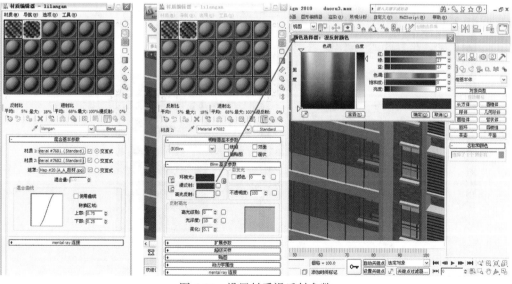

图 6-31　设置材质漫反射参数

（6）完成制作的材质效果如图 6-32 所示。

图 6-32　材质缩略图

3. 制作建筑基座部分面砖的材质

（1）选择一个空白材质球，使用"从对象拾取材质"工具 ✎ 拾取场景中建筑基座部分的面砖材质，如图 6-33 所示。

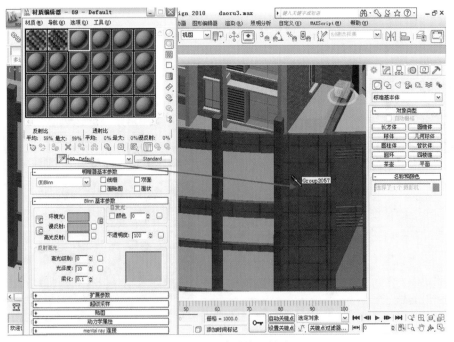

图 6-33　新建并拾取材质

（2）面砖材质是一个多维复合材质，在"多维/子对象基本参数"卷展栏中单击第 2 个材质通道，然后在"Phong 基本参数"卷展栏中单击"漫反射"参数右侧的 M 图标 **M**，接着在"位图参数"卷展栏中重新定义材质的路径，如图 6-34 所示。

（3）完成定义后单击"转到父对象"按钮 返回"Phong 基本参数"卷展栏，然后调整"高光级别"为"68"、"光泽度"为"48"，如图 6-35 所示。

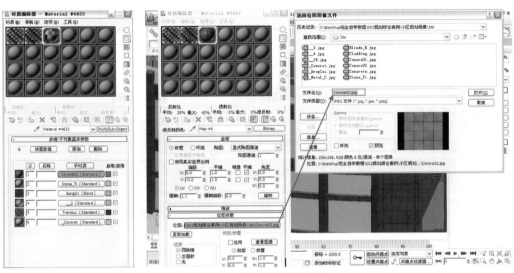

图 6-34　设置面砖材质参数

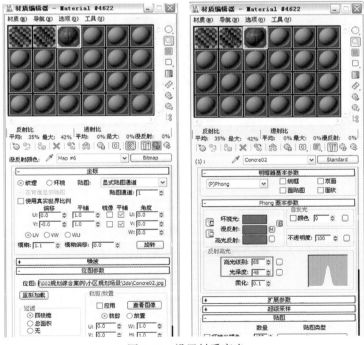

图 6-35　设置材质高光

（4）展开"扩展参数"卷展栏，然后调整过滤色，如图 6-36 所示。

（5）展开"贴图"卷展栏，将漫反射贴图路径复制到"凹凸"通道中，设置凹凸的"数量"为"600"，如图 6-37 所示。

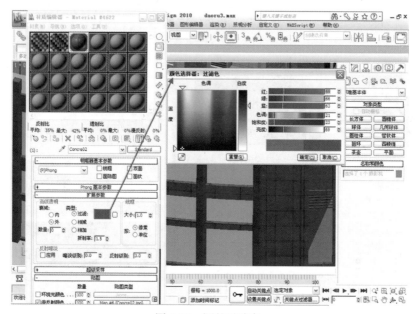

图 6-36　调整过滤色

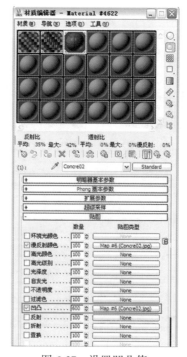

图 6-37　设置凹凸值

4. 制作场景中空调百叶的材质

（1）选择一个空白材质球，然后使用"从对象拾取材质"工具 🖋 拾取场景中空调百叶的材质，接着在"Phong 基本参数"卷展栏中单击"漫反射"参数右侧的 M 图标 Ⓜ，如图 6-38所示。

（2）在"位图参数"卷展栏中重新定义材质的路径，如图 6-39 所示。

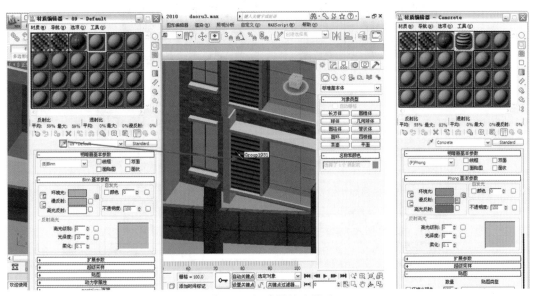

图 6-38　新建并拾取材质

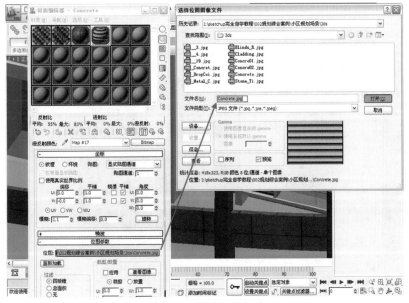

图 6-39　设置位图参数

（3）完成定义后单击"转到父对象"按钮 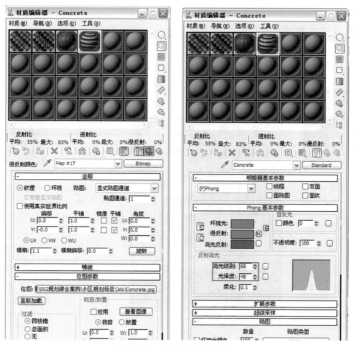 返回"Phong 基本参数"卷展栏，然后调整"高光级别"为"68"、"光泽度"为"48"，如图 6-40 所示。

（4）展开"扩展参数"卷展栏，然后调整过滤色，如图 6-41 所示。

图 6-40   设置高光参数

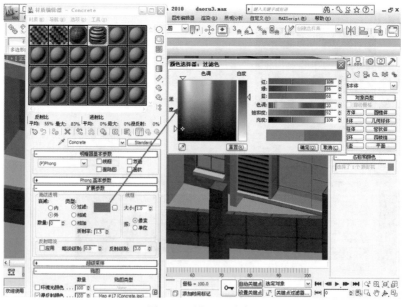

图 6-41   设置过滤色

（5）展开"贴图"卷展栏，然后将漫反射贴图路径复制到"凹凸"通道，接着设置凹凸的"数量"为"600"，如图 6-42 所示。

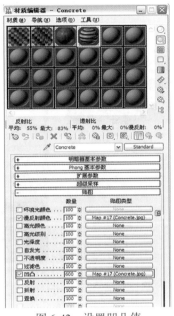

图 6-42　设置凹凸值

5. 制作建筑外墙面砖的材质

（1）选择一个空白材质球，然后使用"从对象拾取材质"工具 🖋 拾取场景中建筑外墙面砖的材质，如图 6-43 所示。

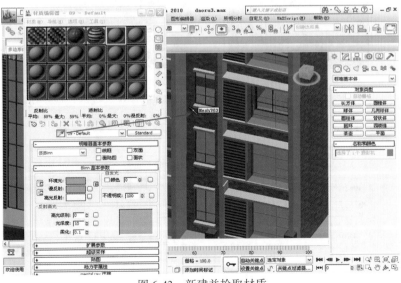

图 6-43　新建并拾取材质

181

（2）涂料材质也是一个多维复合材质，在"多维/子对象基本参数"卷展栏中单击第 1
个材质通道，然后在"Phong 基本参数"卷展栏中单击"漫反射"参数右侧的 M 图标**M**，接
着在"位图参数"卷展栏中重新定义材质的路径，如图 6-44 所示。

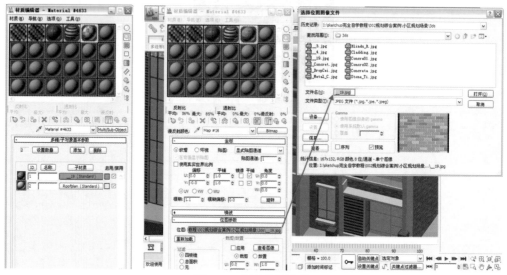

图 6-44　设置位图参数

（3）完成定义后单击"转到父对象"按钮 返回"Phong 基本参数"卷展栏，然后调整
"反射高光"的"高光级别"为"68"、"光泽度"为"48"，如图 6-45 所示。

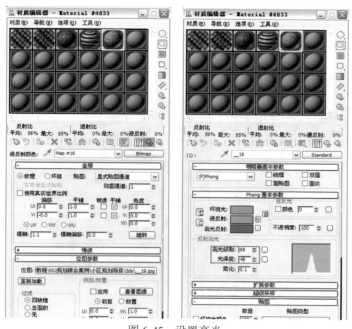

图 6-45　设置高光

（4）展开"扩展参数"卷展栏，然后调整过滤色，如图 6-46 所示。

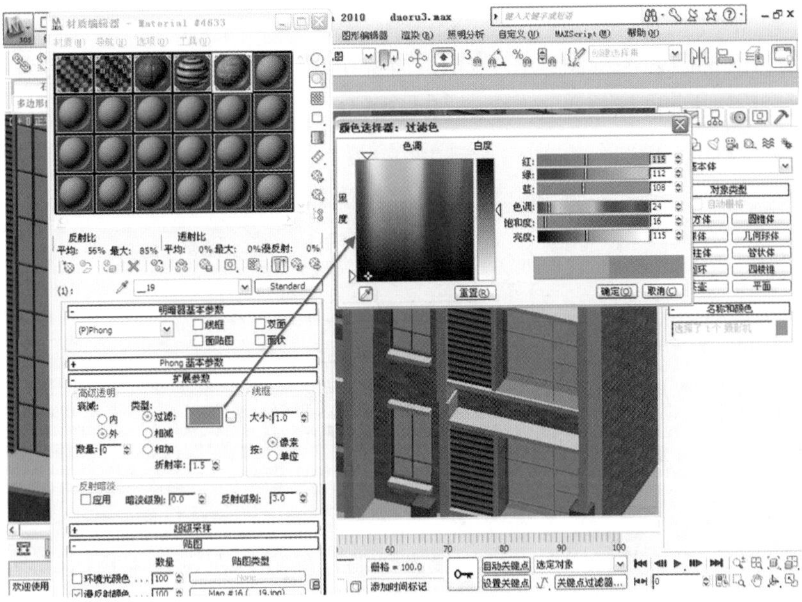

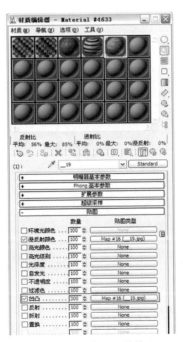

图 6-46 设置过滤色

（5）展开"贴图"卷展栏，然后将漫反射贴图路径复制到"凹凸"通道中，接着设置凹凸的"数量"为"300"，如图 6-47 所示。

图 6-47 设置凹凸值

(6)采用相同的方法设置建筑的其他材质。

6.2.4 设置灯光

(1)调整当前视图为顶视图，在"创建"面板中单击"灯光"按钮，接着设置灯光类型为"标准"，并单击"目标聚光灯"按钮 目标聚光灯 ，如图6-48所示。

图6-48 选择灯光类型

(2)在视图中创建一盏目标聚光灯，聚光灯的目标点放在场景中物体的中心位置，灯光位于物体的主面（即通过相机能观察到的主要一侧，主光一般与物体表面法线成45°~60°角），如图6-49所示。

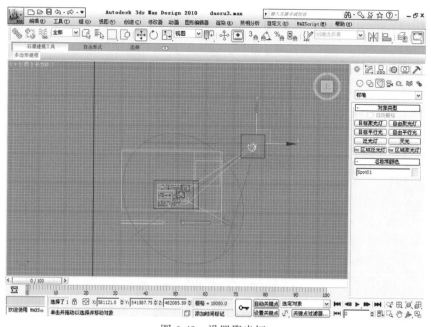

图6-49 设置聚光灯

(3)切换当前视图为前视图，然后将灯光的发光点抬高至与地面成45°~60°角，如图6-50所示。

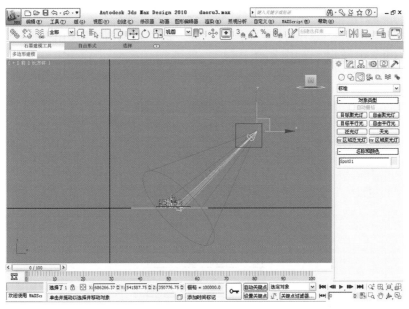

图 6-50　调整灯光高度

（4）在"修改"面板中修改灯光的名称为 light，然后在 3ds Max 的主工具栏中单击"按名称选择"按钮 ，接着在弹出的"从场景选择"对话框中输入字母"L"，此时名称以 L 开头的所有对象会被全部选中，如图 6-51 所示。

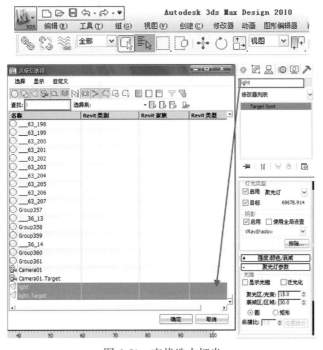

图 6-51　查找选中灯光

　　(5)找到灯光对象后，在"常规参数"卷展栏的"灯光类型"选项组中勾选"启用"选项，然后设置"灯光"类型为"聚光灯"，接着在"阴影"选项组中勾选"启用"选项，并设置"阴影"类型为"VRayShadow"，如图 6-52 所示。

图 6-52　设置灯光参数

　　(6)在"强度/颜色/衰减"卷展栏中设置"倍增"为"0.8"，然后单击右侧的色块，并设置"灯光颜色"为暖黄色，如图 6-53 所示。

图 6-53　设置灯光颜色

6.2.5　VRay 渲染设置

　　打开"渲染设置"对话框(快捷键为F10)，然后展开"指定渲染器"卷展栏，接着单击"产品级"右侧的"选择渲染器"按钮，并在弹出的对话框中选择"V－Ray Adv 1.50. SP4"渲染器，如图 6-54 所示。

1. 测试渲染

　　(1)在"V-Ray"选项卡中展开"全局开关"卷展栏，然后取消对"隐藏灯光"选项的勾选，如图 6-55 所示。

图 6-54　选择渲染器

图 6-55　设置渲染参数

（2）展开"图像采样器（反锯齿）"卷展栏，然后设置"图像采样器"的类型为"固定"，接着在"抗锯齿过滤器"选项组中勾选"开"选项，并设置类型为"区域"，如图 6-56 所示。

图 6-56　设置渲染参数

（3）单击"间接照明"选项卡，然后在"间接照明（全局照明）"卷展栏中勾选"开"和"折射"选项，接着设置"二次反弹"的"倍增器"为"0.9"，"全局照明引擎"为"BF 算法"，如图 6-57 所示。

图 6-57　设置间接照明参数

（4）展开"发光图"卷展栏，然后设置"当前预置"为"非常低"、"半球细分"为"20"，如图 6-58 所示。

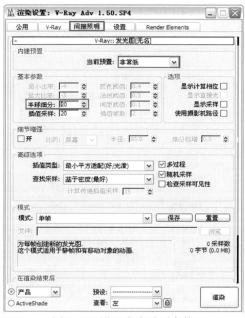

图 6-58 设置发光贴图参数

（5）返回"V-Ray"选项卡，然后展开"环境"卷展栏，接着在"全局照明环境（天光）覆盖"选项组中勾选"开"选项，并设置"倍增器"为"0.5"，如图 6-59 所示。

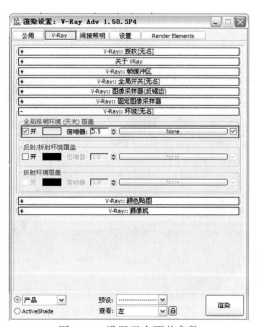

图 6-59 设置天光覆盖参数

（6）单击"公用"选项卡，展开"公用参数"卷展栏，设置"输出大小"为 640×800（单位：mm），如图 6-60 所示。

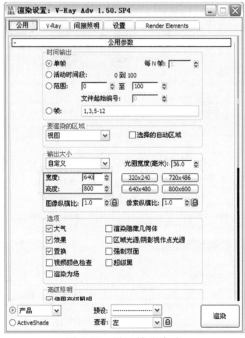

图 6-60　设置输出大小

（7）测试渲染的效果如图 6-61 所示。

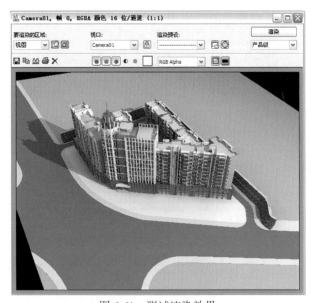

图 6-61　测试渲染效果

（8）在完成测试渲染后在模型中加入路灯、汽车等配景模型，并测试渲染，如图 6-62 所示。

图 6-62　完善配景

2. 正式渲染

（1）单击"V-Ray"选项卡，展开"图像采样器(反锯齿)"卷展栏，设置"图像采样器"的类型为"自适应细分"，"抗锯齿过滤器"的类型为"Catmull-Rom"，如图 6-63 所示。

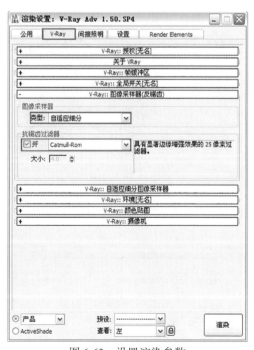

图 6-63　设置渲染参数

（2）单击"间接照明"选项卡，展开"间接照明"卷展栏，勾选"开"和"折射"选项，并设置"二次反弹"的"倍增器"为"1.0"，如图 6-64 所示。

图 6-64　设置渲染参数

（3）展开"发光图"卷展栏，将"当前预置"设置为"中"，设置"半球细分"为"50"，如图 6-65 所示。

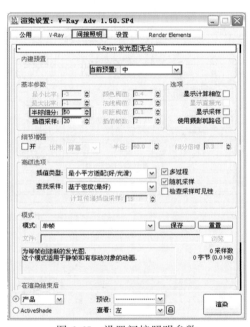

图 6-65　设置间接照明参数

（4）返回"V-Ray"选项卡，展开"环境"卷展栏，在"全局照明环境（天光）覆盖"选项组中勾选"开"选项，并设置"倍增器"为"0.6"，如图 6-66 所示。

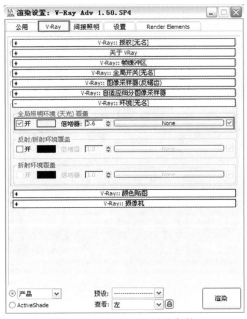

图 6-66　设置天光覆盖参数

（5）返回"公用"选项卡，展开"公用参数"卷展栏，设置"输出大小"为 2880×3600（单位：mm），如图 6-67 所示。

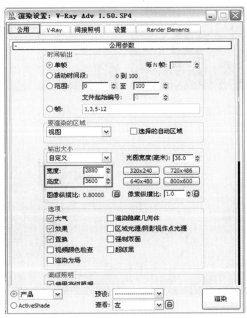

图 6-67　设置输出大小

（6）完成设置后，对场景进行渲染，效果如图6-68所示，最后将渲染图片导出为TGA格式的文件。

（7）为了便于用Photoshop CS6进行后期处理，需要渲染通道图层，方法与前面类似，效果如图6-69所示。

图6-68　正式渲染效果

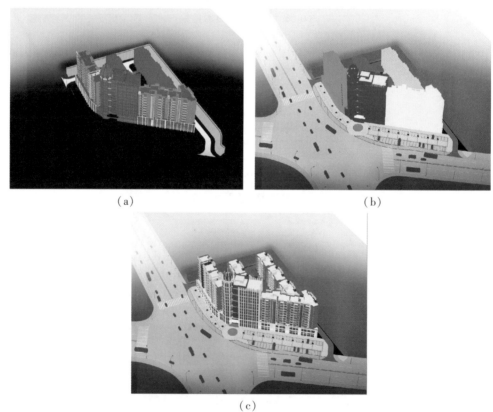

（a）　　　　　　　　　　　　　　　　　　（b）

（c）

图6-69　图层渲染效果

6.3　使用 **Photoshop CS6** 对图像进行后期处理

（1）激活 Photoshop CS6 软件，打开人视渲染图，然后解除图层的锁定状态，如图 6-70 所示。

（2）打开三张通道渲染图，按住 Shift 键将通道渲染图拖入人视渲染图，调整图层的上下顺序，如图 6-71 所示。

图 6-70　打开人视渲染图

图 6-71　调整图层顺序

（3）使用 Photoshop CS6 打开一张草地图片，将其复制。在要处理的鸟瞰图文档中，使用魔棒工具选择道路和建筑周边的背景草地区域，新建图层，执行"编辑"→"选择性粘贴"→"贴入"菜单命令，可以看到背景草地被粘贴到场景当中，如图 6-72 所示。

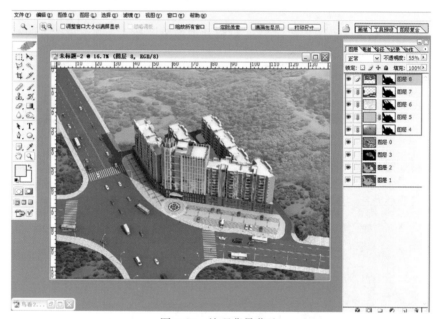

图 6-72　处理背景草地

（4）通过通道的图层选择道路面并将曲线向上拉调整其亮度，如图 6-73 所示。

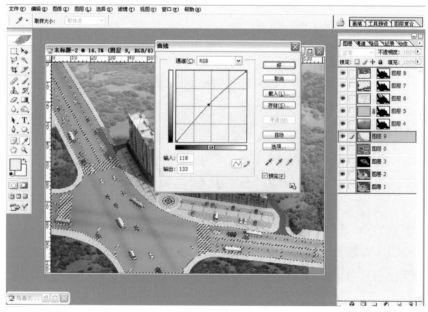

图 6-73　提亮道路

（5）再次通过通道选择建筑的玻璃层，并通过曲线命令将建筑玻璃调亮，如图 6-74 所示。

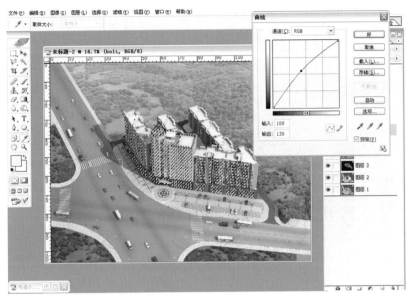

图 6-74　提亮玻璃

（6）为场景加入植物和人物等配景，丰富图面的前景，尤其是建筑的出入口附近要更加生动，如图 6-75 所示。具体的添加素材的方法，在前面章节中已经详细学习过，在此不做详述。

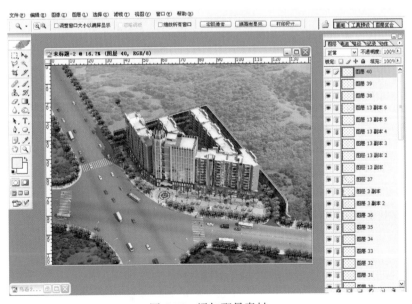

图 6-75　添加配景素材

　　(7)新建几个图层，使用画笔工具涂抹，修改图层样式，丰富局部区域的层次与光感，添加氛围感。具体请打开配套素材源文件查看，如图 6-76 所示。

图 6-76　添加图面氛围感

6.4　保存和导出图像

　　(1)执行"文件"→"存储"菜单命令，设定保存路径，修改保存文件名，保存为"＊.PSD"格式的文件。

　　(2)再执行"文件"→"存储为"菜单命令，格式选择 JPEG 格式，点击"保存"按钮，如图 6-77 所示。

图 6-77　设置存储参数

（3）导出后的图像如图 6-78 所示（放大效果见彩插图 6-78）。

图 6-78　住区规划鸟瞰图

第7章 景观节点透视图制作

【本章导读】

SketchUp 为设计师们提供了非常丰富的组件素材，从 SketchUp 直接导出的图纸风格清新自然，只需要使用 Photoshop CS6 进行简单的处理，即可轻易达到草图和手绘的效果。

本章将讲解如何结合 SketchUp 制作景观节点透视图，若读者尚未安装 SketchUp 软件，可直接阅读 7.2 小节进行学习。

【要点索引】

1. SketchUp 模型的边线显示设置
2. SketchUp 模型的阴影设置
3. 为 SketchUp 模型添加场景页面
4. 从 SketchUp 中导出图片
5. Photoshop CS6 分层导入和叠加图片
6. 在 Photoshop CS6 中添加近、中、远景素材
7. 保存和导出图片

7.1 整理 SketchUp 模型场景

7.1.1 设置场景风格

(1)激活 SketchUp 软件，打开配套素材文件"景观节点模型"，如图 7-1 所示。

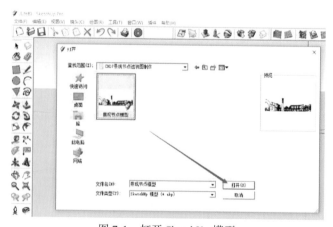

图 7-1 打开 SketchUp 模型

(2)执行"窗口"→"风格"菜单命令,打开"风格"编辑器,如图 7-2 所示。

图 7-2 打开风格编辑器

(3)点击"编辑"选项卡,将背景色设置为纯黑色,如图 7-3 所示。

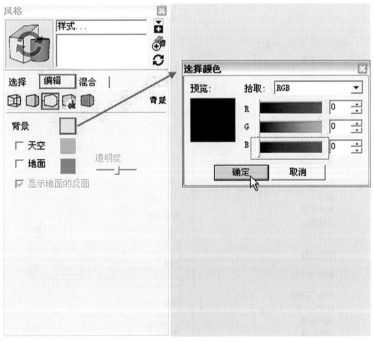

图 7-3 设置背景颜色

(4)点击"边线设置"面板，取消对"显示边"选项的勾选，如图 7-4 所示。

图 7-4　取消边线显示

(5)执行"窗口"→"阴影"菜单命令，弹出"阴影设置"对话框，通过拖动滑块调整日照时间和光线明暗，直至场景显示出满意的光影效果，如图 7-5 所示。

图 7-5　调整阴影参数

（6）在上一步激活的"阴影设置"对话框中，点击激活"显示/隐藏阴影"按钮 ⚓，显示场景阴影，如图7-6所示。

图 7-6　显示阴影

7.1.2　添加场景页面

（1）执行"相机"→"两点透视"菜单命令，将视图调整为两点透视的模式，如图7-7所示。

图 7-7　两点透视显示

（2）执行"窗口"→"页面管理"菜单命令，打开"页面"管理器，接着单击"添加页面"按钮 ⊕ 完成页面的添加，如图7-8所示。

（3）使用同样的方法，多找几个角度完成其他场景页面的添加，如图7-9所示。

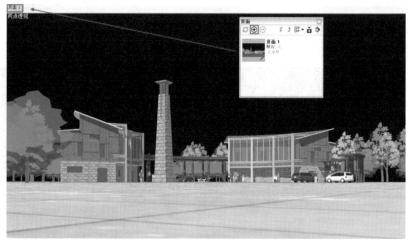

图 7-8　添加页面

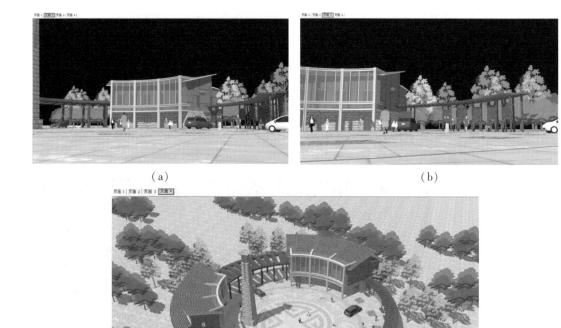

（a）

（b）

（c）

图 7-9　添加其他页面

7.1.3　导出图像

（1）执行"文件"→"导出"→"2D 图像"菜单命令，弹出"导出二维消隐线"对话框，设

置导出的文件名为"人视 1"，文件类型为"JPEG 图片"格式，接着单击"选项"按钮，在
"JPG 导出选项"对话框中进行相应的导出设置，然后点击"确定"按钮，如图 7-10 所示。

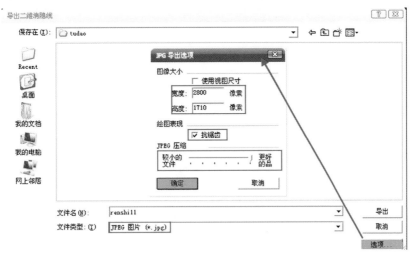

图 7-10　设置导出参数

（2）完成导出设置后，单击"导出"按钮将图像导出，如图 7-11 所示。

图 7-11　单击导出按钮

（3）将图像导出后，还需要导出一张线框图用于后期的处理。执行"窗口"→"风格"
菜单命令，在"风格"编辑器中打开"编辑"选项卡，点击"面设置"面板🔲，点击选择"显
示为消隐模式"按钮⬡，如图 7-12 所示。

图 7-12　设置为消隐模式

　　(4) 按照上述图像的导出方法, 将线框图导出, 命名为"人视 2", 注意图像大小与"人视 1"一致, 如图 7-13 所示。

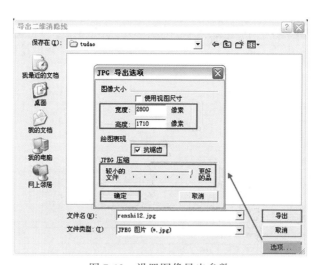

图 7-13　设置图像导出参数

7.2　使用 Photoshop CS6 对图像进行后期处理

7.2.1　分层导入图像

　　(1) 使用 Photoshop CS6 软件打开"人视 1"EPS 文件, 双击"背景"图层上的小锁, 将图像解锁，并命名为"图层 1"，如图 7-14 所示。

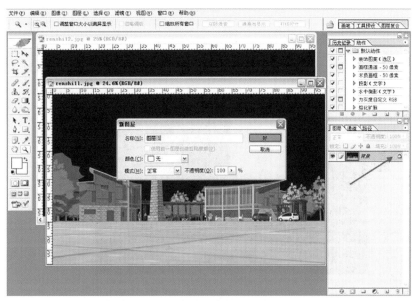

图 7-14 解锁图层

（2）用 Photoshop CS6 打开"人视 2"EPS 文件，按住 Shift 键将这张线框图拖入"人视 1"图像文件中，使两张图片上下重叠，将线框图所在的图层命名为"图层 2"，并放置在最上面，如图 7-15 所示。

图 7-15 调整图层顺序

（3）单击选择"图层 2"，执行"图像"→"调整"→"反相"菜单命令，对线框图的颜色进行反相，如图 7-16 所示。

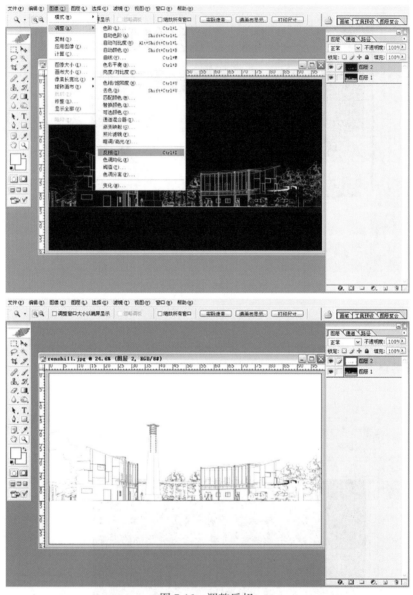

图 7-16　调整反相

（4）将"图层 2"的图像模式设置为"正片叠底"，然后调整图层的"不透明度"为"50%"，如图 7-17 所示。

7.2.2　添加环境素材

（1）使用"魔棒工具"选择图层 1 的黑色背景，按 Delete 键删除，如图 7-18 所示。

接着，按"Ctrl+Delete"键取消选区。

图 7-17　设置图层模式

图 7-18　删除天空背景

（2）新建一个图层"图层 3"，用矩形框选择工具框选出地面以下的图像范围，将选区填充成黑色，如图 7-19 所示。

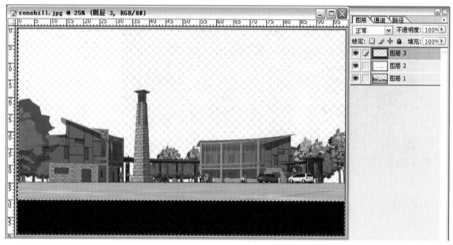

图 7-19   填充地面

（3）添加天空背景，天空的风格要与图片相似，本例最好为写意风格，如图 7-20 所示。添加素材的方法在前面几章都学习过，在此不做详述。

图 7-20   添加天空素材

7.2.3   调整图像效果

（1）选择图层 1，执行"图像"→"调整"→"亮度/对比度"菜单命令，亮度和对比度的值都提高 10，如图 7-21 所示。

（2）执行"滤镜"→"锐化"→"锐化"菜单命令，对图像进行锐化处理，这样可以使 SketchUp 导出的图像边缘更加清晰，如图 7-22 所示。

（a）

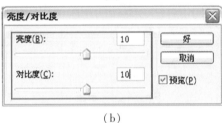

（b）

图 7-21　提亮图像

图 7-22　锐化图像

（3）为图面添加近景挂角树，以丰富构图，如图 7-23 所示。

（4）为前景添加树的阴影，压暗近景，增加图面的景深感，如图 7-24 所示。

（5）新建一个图层，然后按"Ctrl+Shift+Alt+E"组合键合并所有可见层，生成一个新的合并层，如图 7-25 所示。

图 7-23　添加近景树木

图 7-24　添加近景阴影

图 7-25　生成合并图层

（6）执行"滤镜"→"模糊"→"高斯模糊"菜单命令，设置"高斯模糊"滤镜半径值为 4 像素，如图 7-26 所示。

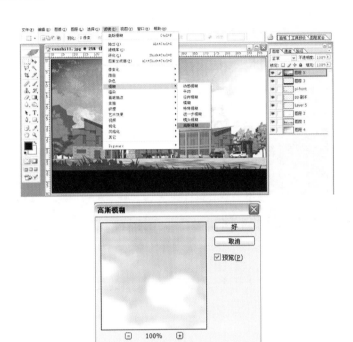

图 7-26　设置高斯模糊滤镜参数

（7）调整合并图层模式为"柔光"模式，设置"不透明度"为 40%，如图 7-27 所示。

图 7-27　设置柔光参数

（8）完成图像的处理后，保存文件，导出 JPG 格式，如图 7-28 所示（放大效果见彩插

图 7-28）。

图 7-28 景观节点透视图

（9）采用相同的方法完成其余几个场景页面效果图的处理。

第8章 住区规划常用分析图制作

【本章导读】

根据项目类型的不同，所需分析图的内容和数量要求也不同。本章节讲解常用的几张住区规划分析图的绘制方法，包括现状分析图、交通分析图、景观结构分析图、公共设施分析图、户型分析图、日照分析图、消防分析图以及市政工程分析图。

【要点索引】

1. 分析图图框的绘制
2. 分析图统一底图的制作
3. 不同分析图包含的重点表达内容简介

8.1 现状分析图的制作

现状分析图是规划设计项目的前期图纸，表达的是规划范围用地的现状使用情况，主要包括现状道路、建筑和景观元素的分析，并搭配几张典型性现状照片作为辅助即可。

8.1.1 绘制图框和底图

图框和底图是一套分析图的基础，其他所有分析图都是在此框架内进行完善和各有侧重点的表达。一般包括以下内容：项目名称、图名及编号、编制设计单位名称、规划范围线、指北针、比例尺、彩色平面图淡化形成的底图、图例、地形图等。这些都可以在AutoCAD中进行绘制，然后分层导出 EPS 文件，再使用 Photoshop CS6 软件将这些文件进行叠加。

注意，可以通过创建组来归纳整理现状图的一些要素，将组命名为"现状分析图"，如图 8-1 所示。

8.1.2 制作现状元素

(1)点击"新建图层"按钮，修改图层名为"绿地"，将该图层移动到地形图图层的下方，如图 8-2 所示。

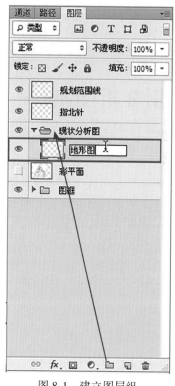

图 8-1　建立图层组

图 8-2　新建图层

（2）用"多边形套索"工具将整个范围线内的地区选取出来，如图 8-3 所示。

图 8-3　创建范围线围合选区

（3）将前景色的颜色调整为绿色，对应的 RGB 值为 218、253、185，点击"确定"按钮，如图 8-4 所示。

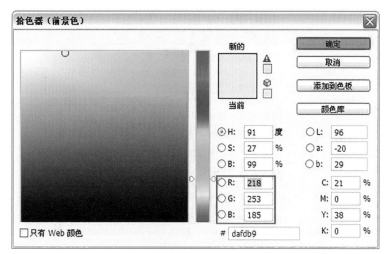

图 8-4 设置前景色

（4）按"Alt+Delete"键对选区填充前景色，如图 8-5 所示。

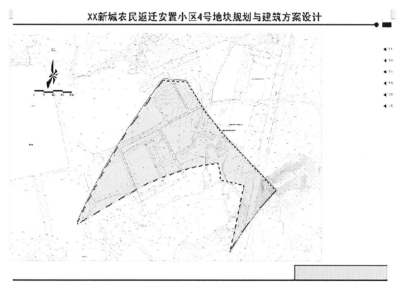

图 8-5 填充地块颜色

（5）点击"新建图层"按钮，并将该图层命名为"道路"，将该图层移动到地形图图层的下方，如图 8-6 所示。

（6）用"多边形套索"工具，将整个地形图中道路的地区选取出来，如图 8-7 所示。这一步也可以在 AutoCAD 中单独导出道路的 EPS 文件，注意道路的边缘用直线进行封闭，便于在 Photoshop CS6 中使用魔棒工具选取道路选区。

图 8-6　新建道路图层

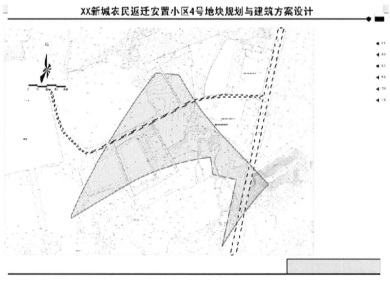

图 8-7　创建道路选区

(7)将前景色的颜色调整为灰色，对应的 RGB 值为 192、192、192，点击"确定"按钮，如图 8-8 所示。

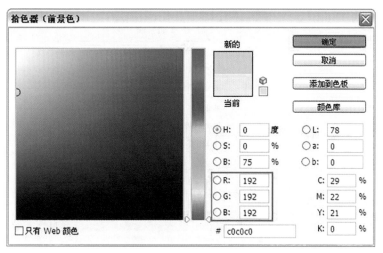

图 8-8　设置前景色

（8）按"Alt+Delete"键对选区填充前景色，如图 8-9 所示。

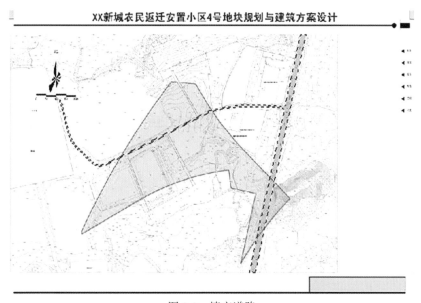

图 8-9　填充道路

（9）点击"新建图层"按钮，将该图层命名为"水塘"，并将该图层移动到地形图图层的下方，如图 8-10 所示。这一步也可以在 AutoCAD 中单独导出水体边缘线的 EPS 文件，注意水体的边缘要进行封闭，便于在 Photoshop CS6 中使用魔棒工具选取水体选区。注意：不要导出水面的填充实体，只要边缘线就可以了。

图 8-10　新建水塘图层

（10）用"多边形套索"工具将整个地形图中水塘的地区选取出来，如图 8-11 所示。

图 8-11　创建水塘选区

（11）将前景色的颜色调整为青色，对应的 RGB 值为 81、240、246，最后点击"确定"按钮，如图 8-12 所示。

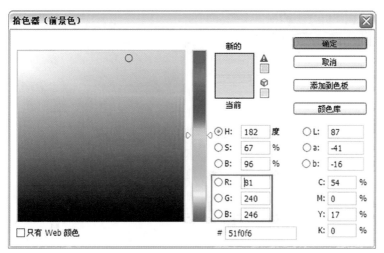

图 8-12　设置前景色

（12）按"Alt+Delete"键对选区填充前景色，如图 8-13 所示。

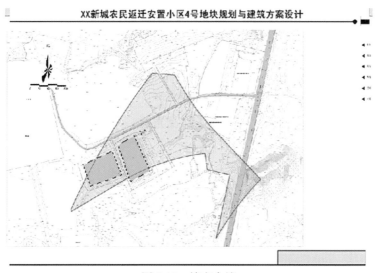

图 8-13　填充水塘

（13）采用相同的方法新建并填充建筑图层，如图 8-14 所示。

8.1.3　绘制图例

（1）运行 AutoCAD 软件，使用矩形工具和文字命令绘制图例框和文字，图例框内可填充颜色也可不填，如果填充了颜色，那么在 Photoshop CS6 中要与图中现状元素的颜色相一致，如图 8-15 所示。

图 8-14　新建并填充建筑

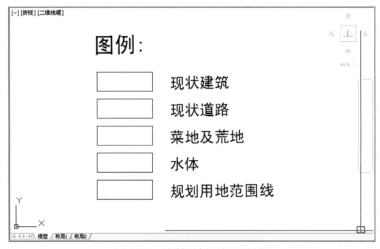

图 8-15　绘制图例图框和文字

（2）从 AutoCAD 中导出 EPS 文件，命名为"图例 01"。打印方法请参考前面章节，在此不做详述。

（3）运行 Photoshop CS6，执行"文件"→"打开"菜单命令，在弹出的"打开"对话框中选择该 EPS 文件，点击"打开"按钮，如图 8-16 所示。

（4）系统弹出"栅格化 EPS 格式"对话框，在该对话框中将"分辨率"设置为"150"，"模式"设置为"RGB 颜色"，最后点击"确定"按钮，如图 8-17 所示。

（5）栅格化 EPS 图片以后的效果如图 8-18 所示。

图 8-16　打开图例 EPS 文件

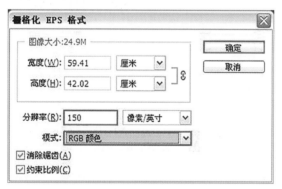

图 8-17　设置栅格化参数

图 8-18　栅格化效果

（6）将其拖曳到现状分析图中，并将该图层命名为"图例"，注意该拖曳的图层一定要在"现状分析图"的组中，如图 8-19 所示。

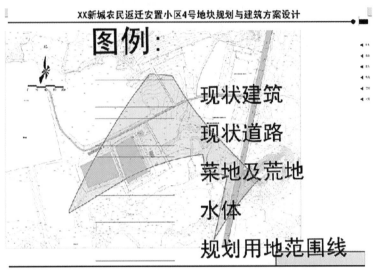

图 8-19　添加图例

（7）使用"Ctrl+T"快捷键将图例图层缩放到合适的大小，并用"移动"工具将其移动到图面的左下方，如图 8-20 所示。

图 8-20　缩放图例大小

◎ 提示：
　　图例的位置一般置于画面边角处，每张分析图的图例位置尽量保持统一不变。

（8）使用魔棒工具选中每一种地类图例框，分别填充相应的颜色，如图 8-21 所示。

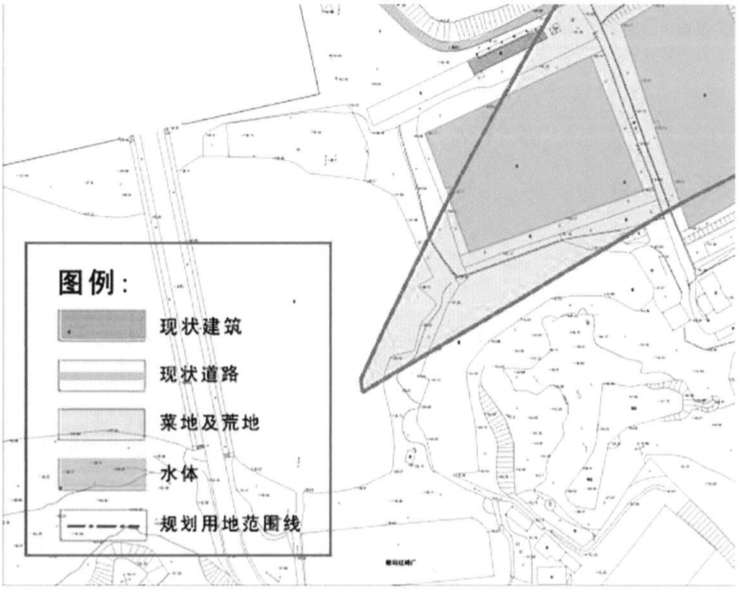

图 8-21 填充图例颜色

8.1.4 添加现状照片

（1）使用 Photoshop CS6 软件打开一张现状照片，将其拖曳到图纸中，如图 8-22 所示。

图 8-22 添加现状照片

（2）使用"Ctrl+T"快捷键将照片缩放到合适的大小，并用"移动"工具将其放置到图纸的右下角，如图 8-23 所示。

图 8-23　缩放照片大小

双击该照片图层缩略图，弹出"图层样式"对话框，勾选"描边"选项。点击"描边"选项进入"描边"选项卡中，将"大小"调整为"2"，"位置"修改为"外部"，"混合模式"修改为"正常"，"不透明度"修改为"100%"，"颜色"修改为黑色，最后点击"确定"按钮，如图 8-24 所示。

图 8-24　设置描边参数

(3)照片有了黑色描边，如图8-25所示。

图8-25　照片描边效果

(4)采用相同的方法添加其他照片，注意照片要上下对齐，水平对齐，排版尽量美观规整，如图8-26所示。

图8-26　添加其他现场照片

8.1.5　添加图名

(1)执行"横排文字工具"　$\boxed{\text{T}}$　，在图纸的右下角处拉出文字框的大小，如图8-27所示。

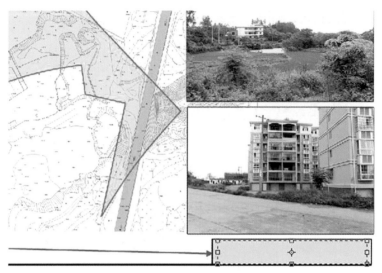

图 8-27   添加文本框

（2）接着将字体调整为"黑体"，大小调整为"40 点"，如图 8-28 所示。

图 8-28   设置字体参数

（3）在文本框中使用键盘输入"现状分析图"，编辑完成后，点击"提交"按钮或者单击其他图层缩略图，退出编辑状态，图名添加完成，如图 8-29 所示（放大效果见彩插图 8-29）。

图 8-29   现状分析图

（4）保存和导出JPG文件，命名为"现状分析图"，过程参照前面几个章节，在此不做详述。

8.2 交通分析图的制作

道路交通分析图主要是为了表达出机动车和非机动车交通的组织关系，具体分析元素包括：城市道路、小区车行道、步行道路、小区出入口、地面机动车停车位以及地下停车场入口、非机动车停车区等。

（1）在 AutoCAD 软件中绘制完成以上基本元素，用矩形、多段线线条、三角形等表达出来，如图 8-30 所示。

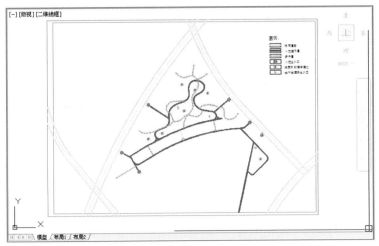

图 8-30　绘制交通分析元素

（2）从 AutoCAD 中分层导出 EPS 文件，使用 Photoshop CS6 打开这些文件并叠加，将这些图层归到"道路交通分析图"图层组中，如图 8-31 所示。

图 8-31　新建图层组

（3）完善图例，并执行文字工具，在文本框中输入"道路交通分析图"，图纸绘制完成，如图 8-32 所示（放大效果见彩插图 8-32）。

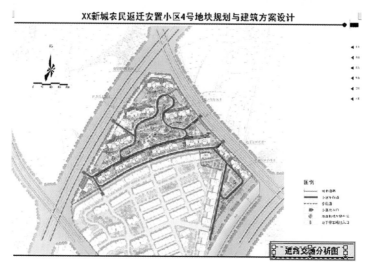

图 8-32　道路交通分析图

8.3　景观结构分析图的制作

景观结构分析图是为了表达出设计的景观组织关系，具体分析元素包括景观主要节点、景观次要节点、绿化景观主轴线、绿化景观次轴线和景观渗透等。景观结构分析图的制作方法和步骤与交通分析图一致。

（1）在 AutoCAD 软件中绘制完成以上基本元素，用多段线线条、三角形、圆形等表达出来，完善图例，如图 8-33 所示。

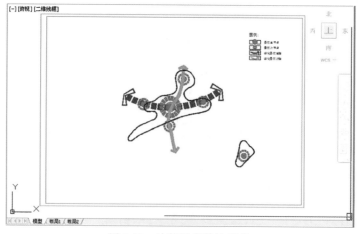

图 8-33　绘制景观结构元素

（2）从 AutoCAD 中分层导出 EPS 文件，使用 Photoshop CS6 打开并叠加，将这些图层归到"景观结构分析图"图层组中，其他组隐藏显示，如图 8-34 所示。

图 8-34　新建图层组

（3）完善图例，并执行文字工具，在文本框中输入"景观结构分析图"，图纸绘制完成，如图 8-35 所示（放大效果见彩插图 8-35）。

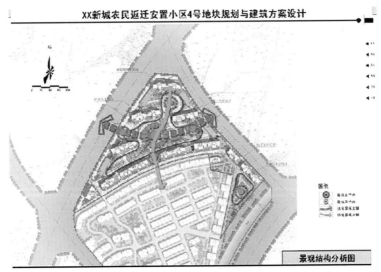

图 8-35　景观结构分析图

8.4　公共设施分析图的制作

"公共设施分析图"主要是为了表达出公共设施的布局，具体分析元素包括商业设施、物业管理用房、社区服务用房、垃圾收集点、幼儿园等，不同的建筑功能用不同的色块进行填充，必要时可增加指标说明，如图 8-36 所示(放大效果见彩插图 8-36)。

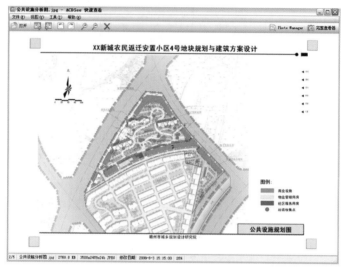

图 8-36　公共设施分析图

8.5　户型分析图的制作

"户型分析图"是为了表达出设计的住宅小区中各种不同面积户型的分布位置。以本案例来说，整个小区的户型分为 60m²、80m²、100m² 以及 120m² 四种。这四种户型用不同的颜色进行填充，如图 8-37 所示(放大效果见彩插图 8-37)。如有必要，可增加配套的户型面积指标一览表。

图 8-37　户型分析图

8.6 日照分析图的制作

"日照分析图"是为了表达建筑的日照时长的情况。以本案例来说,首先使用 AutoCAD 的第三方插件如众智、天正等分析日照。

(1)使用众智 9.0 分析插件绘制日照分析图,图例分为 0~8 小时,如图 8-38 所示。

图 8-38 绘制日照分析图

(2)从 AutoCAD 中导出 EPS 文件,如图 8-39 所示。

图 8-39 导出日照分析 EPS 图

(3)使用 Photoshop CS6 打开,叠加到"日照分析图"图层组,完善图例,添加图名文字，并在右侧图纸空白处添加分析说明，如图 8-40 所示(放大效果见彩插图 8-40)。

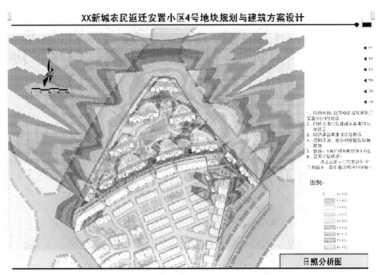

图 8-40　日照分析图

8.7　消防分析图的制作

"消防分析图"是为了表达消防组织设计，具体分析元素包括消防流线、消防登高面、室外消防栓、底层连续商业的消防通道等，如图 8-41 所示(放大效果见彩插图 8-41)。

图 8-41　消防分析图

8.8　市政工程分析图的制作

市政工程分析图主要包括：竖向工程规划图、给水工程规划图、排水工程规划图、燃气工程规划图、电力通信工程规划图，北方城市还包括供热工程规划图。另外，局部地区还有输油管道等特殊市政工程设施的布局。常用市政分析图的基本要素介绍如下：

8.8.1　竖向工程规划图

小区的竖向图通常是在平面定位图的基础上标明楼座室外坪和道路控制点的绝对高程和排水坡度，竖向工程规划图图纸如图 8-42 所示，基本要素包括：

(1)道路标高、方向和坡度，主要是道路交叉口和转弯处的中心点的控制点标高，一般用三角形、箭头和数字标注。

(2)场地标高、方向和坡度，主要是指广场、较大硬质铺装、绿地的标高设计和方向、坡度标注。

(3)水面标高，低于周边地面和草地。

(4)建筑物室内、室外地坪的高差以及建筑屋顶的高度。可酌情增加，也可不予表达。

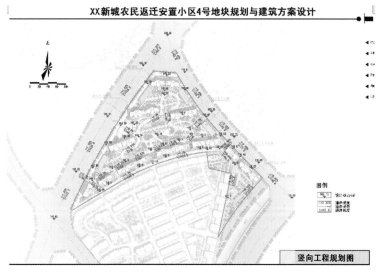

图 8-42　竖向工程规划图

◎ 提示：

竖向高程设计要遵循现状高程，避免产生较大土石方工程量。另外，竖向设计是排水工程规划的基础，场地和道路的排水方向决定着排水管网的方向，局部地段或存在差别，但两者基本一致，所以做竖向规划时还要整体考虑其他市政工程，科学确定各个高程。

8.8.2 给水工程规划图

给水工程规划图如图 8-43 所示(放大效果见彩插图 8-43),基本要素包括:

(1)水源选择,虽然住区规划范围内不需要考虑城市水源,但还是需要在小区连接城市水管的位置用引线和文字标注的方式,标注出"接城市给水管网"等字样。

(2)给水干管和支管管网布局,通常用不同颜色和粗细的线条表达即可。

(3)给水管径标注,如从城市管网到小区干管网的水管管径经常标注 DN600-DN500-DN400-DN300 这几个常用等级,小区支管到入户管管径的标注有 DN200-DN150-DN100 等常用等级,具体可根据小区规模大小和市政设计适当增减等级数量和调整管径大小。

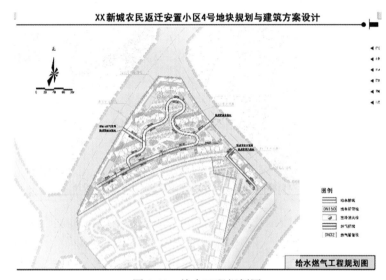

图 8-43 给水工程规划图

8.8.3 排水工程规划图

排水工程规划图包括污水工程规划图和雨水工程规划图,可分开表达,也可合并表达,如图 8-44 所示。其基本要素包括:

1. 污水工程规划图

(1)污水处理或污水出口布局,虽然住区规划范围内无污水处理厂,不需要考虑,但要表达出各楼栋下化粪池的位置,并用引线和文字表达的方式,在小区管网和城市管网衔接处标注出"接城市污水管网"等字样。

(2)污水管道布局,干管一般沿小区主干路布置,支管沿小区支路和沿楼栋布置。

(3)污水管管径标注,如从城市管网到小区管网的污水管管径经常标注 DN600-DN500-DN400-DN300 这几个层次,具体可根据小区规模大小和市政设计适当增减等级数量和调整管径大小。

(4)污水管排水坡向,用箭头和数字标注。

2. 雨水工程规划图

(1)雨水管道布局与污水管道不同,雨水管主要考虑道路场地排水和绿地排水两方面。

(2)雨水出水口布局,城市住区的雨水出水口一般连接城市雨水管网,在住区和城市管网衔接处用引线和文字标注出"接城市雨水管网"等字样;乡村和郊区的住区,雨水就近排放至附近水体和湿地等。

(3)雨水管管径标注,如从城市管网到小区管网的雨水管管径经常标注 DN1200-DN1000-DN800-DN700-DN600 这几个层次,具体可根据小区规模大小和市政设计适当增减等级数量和调整管径大小。

(4)雨水管排水坡向,用箭头和数字标注。

图 8-44 排水工程规划图

◎ 提示:

在做排水管网布局时,一定要仔细观察竖向高程规划,尽量使管网从高处往低处敷设,保持方向基本一致,减少埋设深度或提拉泵站的设计。

8.8.4 燃气工程规划图

燃气工程规划图如图 8-45 所示,基本要素包括:

(1)燃气气源选择,在居住区范围内不需要考虑城市气源,但要在小区燃气管网和城市管网衔接处标注出"接城市燃气管网"等字样。

(2)燃气管道布置,干管一般沿小区主干路布置,支管沿小区支路布置,连接至楼栋。

（3）燃气管管径标注，从城市管网到小区管网的燃气干管管径经常采用 DE200-
DE160-DE110 这几个层次，从小区干管到支管通常采用 DE90-DE63-DE50 这几个层次，具
体可根据小区规模大小和市政设计适当增减等级数量和调整管径大小。

图 8-45   燃气工程规划图

8.8.5   电力通信工程规划图

电力通信工程规划图如图 8-46 所示，基本要素包括：

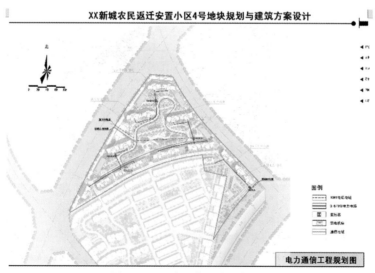

图 8-46   电力通信工程规划图

（1）强弱电电源，在小区管网和城市管网衔接处标注出"接城市电力管网""接城市通信管网"等字样。

（2）变配电室和电信交接箱，一般在小区入口处或楼栋下面设置，在分析图中标出位置。

（3）电力和通信线路布局，一般沿小区各道路敷设即可，连接至楼栋。